宁夏循环农业发展与样板创建研究

梅旭荣　朱昌雄　白小军　等　著

中国农业科学技术出版社

图书在版编目（CIP）数据

宁夏循环农业发展与样板创建研究 / 梅旭荣等著 . --
北京：中国农业科学技术出版社，2021.6
ISBN 978-7-5116-5322-2

Ⅰ . ①宁… Ⅱ . ①梅… Ⅲ . ①生态农业—农业发展—
研究—宁夏 Ⅳ . ① F327.43

中国版本图书馆 CIP 数据核字（2021）第 097225 号

责任编辑 徐定娜
责任校对 马广洋
责任印制 姜义伟 王思文

出 版 者 中国农业科学技术出版社
北京市中关村南大街 12 号 邮编：100081
电　　话（010）82105169（编辑室）（010）82109702（发行部）
（010）82109709（读者服务部）
传　　真（010）82109707
网　　址 http://www.castp.cn
发　　行 各地新华书店
印 刷 者 北京建宏印刷有限公司
开　　本 185 mm × 260 mm 1/16
印　　张 11.5
字　　数 209 千字
版　　次 2021 年 6 月第 1 版 2021 年 6 月第 1 次印刷
定　　价 98.00 元

《宁夏循环农业发展与样板创建研究》著作委员会

顾　　问： 刘　旭　　吴孔明　　吴丰昌

主　　著： 梅旭荣　　朱昌雄　　白小军

副主著： 李红娜　　罗良国　　郭鑫年

许泽华　　李百云　　周　涛

目 录

第一章 研究背景 ……………………………………………… 1

一、常规农业发展带来的问题 ………………………………… 1

二、国家积极推进循环农业发展 ……………………………… 1

三、发展循环农业对宁夏的意义 ……………………………… 3

第二章 国内外循环农业发展的水平及现状 ………………… 9

一、循环农业的内涵及原则 …………………………………… 9

二、国内外循环农业发展的模式 ……………………………10

三、宁夏循环农业发展的现状 ………………………………16

第三章 宁夏循环农业发展存在的问题及分析 ……………19

一、存在的问题 ……………………………………………19

二、问题的成因分析 …………………………………………23

三、问题的主因分析 …………………………………………26

第四章 宁夏循环农业发展的方向 …………………………37

一、总体思路 …………………………………………………37

二、发展方向与突破 …………………………………………43

三、良好示范工程 ……………………………………………56

第五章 基于种养结合的宁夏循环农业技术模式 …………73

一、以废弃物资源化为核心的种养结合循环农业技术模式——“奶牛养殖—固液分离—有机肥生产—玉米种植” …………………73

二、以葡萄、枸杞枝条资源化为核心的循环农业模式——“普通枸杞枝条—沼气 / 有机肥 / 菌菇基质—菌菇种植—菌渣再利用”………84
三、以水资源循环为核心的循环农业模式——“节水灌溉—水肥一体化—投入减量与精准化 / 农业管理措施—污水尾水再利用”…… 100

第六章　循环农业技术模式评价指标体系构建 ……………… 111
一、研究背景 ……………………………………………… 111
二、研究目标 ……………………………………………… 113
三、循环农业评价指标体系 ……………………………… 113
四、宁夏种养一体化循环农业技术模式评价指标框架体系 ………… 122

第七章　吴忠园区案例分析与样板构建 ………………………… 129
一、案例基本情况 ………………………………………… 129
二、案例评价分析 ………………………………………… 133
三、发展总体思路 ………………………………………… 140
四、主要任务 ……………………………………………… 143
五、保障措施 ……………………………………………… 154
附件　重点技术推荐目录 ………………………………… 159

第八章　循环农业可持续发展的保障政策机制及建议 ………… 167
一、保障政策机制 ………………………………………… 167
二、建　议 ………………………………………………… 173

第一章 研究背景

一、常规农业发展带来的问题

改革开放 40 年来，我国农村社会经济迅速发展，取得了举世瞩目的成就。但是，在经济飞速发展的同时，长期以来重数量、轻质量的粗放型农业发展方式也带来了一系列的问题，包括农业面源污染形势严峻、水土流失严重、耕地质量下降、食品安全问题频出，农业生态系统遭到严重破坏。工业点源污染得到有效控制以后，农业面源污染成为相对较大的污染源。农业面源污染已经严重制约了农业和社会经济环境的可持续发展。化肥、农药的过量使用和低利用率对农业生态环境和人体健康带来了严重危害。我国的农田平均化肥施用量相对较高。然而，与化肥过量使用形成鲜明对比的是化肥的利用率非常低。常规经营的高投入、高消耗、高污染、低利用的特点给农业发展带来了严峻挑战，农业发展既面临着资源趋紧、环境压力加大的约束，又时刻承担着保障国家粮食安全的重担。在这样的背景下，寻求新的农业发展方式、走农业可持续发展道路势在必行。

二、国家积极推进循环农业发展

在农业资源约束趋紧、农业农村环境污染严重、生态系统退化的严峻形势下，要促进农业农村的可持续发展，找到合理的着力点和突破口至关重要。以生态经济、循环经济理论为指导的生态循环农业被人们关注和接受。生态循环农业既是我国农业由粗放型经营向集约型经营转变的新型农业发展方式，又是实现农业农村可持续发展的战略思路和提升农业农村生态文明建设水平的重要突破口。诸多研究及实践经验表明，生态循环农业是能够实现经济效益、社会效益和生态效益有机统一的高效农业。2004—2019年，我国连续出台16个指导“三农”工作的“中央一号文件”，其中10份文件均明确提出“鼓励发展循环农业、生态农业”“促进生态友好型农业发展”“大力推动农业循环经济发展”“积极推广高效生态循环农业模式”“推行绿色发展方式，增强农业可持续发展能力”“促进生态和经济良性循环”以及“发展生态循环农业”。2015年5月，农业部（现农业农村部）等7个部委联合发布的《全国农业可持续发展规划（2015—2030年）》明确提出“加快发展资源节约型、环境友好型和生态保育型农业”以及“推进生态循环农业发展”。2015年，《农业部关于打好农业面源污染防治攻坚战的实施意见》提出“一控两减三基本”的工作目标和重点任务，推进浙江省现代生态循环农业试点省和10个循环农业示范市建设，深入实施现代生态循环农业示范基地建设是任务之一。2015年，农业部印发《到2020年化肥使用量零增长行动方案》和《到2020年农药使用量零增长行动方案》等配套意见方案，为生态循环农业发展提供了指导。2016年，国务院印发《全国农业现代化规划（2016—2020年）》确定绿色兴农，推进农业发展绿色化，补齐生态建设和质量安全短板，实现资源利用高效、生态系统稳定、产地环境良好、产品质量安全是农业现代化的任务之一。2016年，农业部印发《农业资源与生态环境保护工程规划（2016—2020年）》，明确了今后生态循环农业的目标要求和重点任务。农业发展，政策先行，近年来多项相关政策的出台为我国生态循环农业发展提供了政策依据，既表明了国家发展生态循环农业的决心，也为生态循环农业指明了发展思路、目标和具体要求。

2019年9月，习近平总书记在郑州视察提出“黄河流域生态保护和高质量发展”的国家战略，2020年6月，他在宁夏回族自治区（以下称宁夏或自治区，全书同）视察时又做出黄河流域“三条线”和“努力建设黄河流域生态保护和高质量发展先行区”的重要指示。可见，生态循环农业作为实现我国农业可持续发展的战略选择，已在国内理论研究和实践发展方面达成共识，而且在国家政策层面受到认可并不断推进，生态循环农业将是我国农业发展的方向。

三、发展循环农业对宁夏的意义

（一）农业在宁夏经济中的主体地位

宁夏地处西北内陆黄河中上游，主要分为北部引黄灌区、中部干旱带和南部山区三大区域，基本涵盖了我国西北地区干旱、半干旱气候特点的各种生态类型，是我国西北地区的一个缩影。宁夏虽为全国较小的地区之一，但是发展循环农业具有土地资源丰富、草场面积广阔、水资源灌溉条件便利、光热资源充足、农产品特色鲜明等资源优势。

1. 宁夏农业的主体功能

根据《全国主体功能区规划》方案，宁夏被划分为限制开发区和禁止开发区，对应的主体功能是提供全国或区域性的生态服务和环境保护。在此基础上，宁夏按照引黄灌区、中部干旱带和南部山区三大区域开展因地制宜的农业生产发展布局。其中，北部引黄灌区地势平坦、土质肥沃、光热资源丰富，是全国大型灌区自流灌溉条件相对优越的区域之一，也是全国重要的商品粮基地，有“天下黄河富宁夏”“塞上江南、鱼米之乡”之称。其中，北部引黄灌区的定位是以资源化高效循环利用为目标，以农业的水利化、机械化、信息化为突破口，以节水、节肥、节地、节种、节能为切入点，坚持利用现代物质技术改造农业，走集约型现代农业的发展道路，建立集约型现代农业示范区。中部干旱带旱作区的自然条件恶劣、生态十分脆弱、经济发展水平较低、农村贫困程度深、农业产业结构比较单一，本地区以水资源综合利用为重点，以提高扬黄水、自然降水的水分利用率为核心，以保水、集水、节水、蓄水、补水为切入点，坚持生态恢复重建、水利基础设施完善和特色优势产业结构并重，建成引领西北、示范全国的现代旱作节水农业示范区。南部丘陵区因干旱少雨、灾害频繁发生、水土流失严重、生态环境脆弱，按照“生态优先、草畜先行、特色种植、产业开发”的方针，本地区以加快生态恢复和农田水利基础设施建设为核心，加强农业基础建设，初步建成西北黄土高原上的生态农业示范区，实现资源环境的良性循环和协调发展。

推进特色农业产业发展。近年来，宁夏进一步分析自身资源禀赋，探索一条立足本地实际的特色农业发展路径，逐渐形成促农增收带动力强、受惠面广的优质粮食及草畜、瓜菜、枸杞、葡萄“1+4”特色优势产业，走出“特色产业、高品质、高端市场、高效益”的“一特三高”现代农业发展之路，特色优势产业创造的产值达到200多亿元，约占宁夏全区农业总产值的75%，有力地推动了县域经济的发展。

打造西部地区生态文明建设先行区。牢固树立“绿水青山就是金山银山”的理念，按照“山水田林湖是一个生命共同体”的思路，保护“三山”生态系统和黄河流域清洁化，打造西部地区生态文明建设先行区。以贺兰山、六盘山、罗山自然保护区为重点，统筹实施一体化生态保护和恢复，全面提升自然系统稳定性和生态服务功能，构筑西北“三山”绿色生态屏障。以保护黄河母亲河，维持“塞上江南”美景为主要任务，实施“四大行动（黄河保护行动、灌区绿网行动、湿地保护与恢复行动、地下水保护行动）、一个平衡（引黄灌区水生态平衡）”，努力构建体系完整、功能完善的沿黄地区绿色生态长廊。

构建脱贫攻坚节水农业区。坚持开源和节流并重，加快构建现代化水治理体制，加强重大水利工程谋划和建设，补齐水利基础设施短板，打造引黄节水型现代化生态灌区。加快脱贫攻坚水利工程建设，努力解决中南部地区脱贫和发展用水难题，全力推进重大水利工程建设，加快完善供水网络，为宁夏经济社会可持续发展提供水安全保障。

2. 乡村振兴背景下农业农村发展新定位

依据北部引黄灌区、中部干旱带和南部山区三大区域资源禀赋条件、经济发展水平、产业发展现状、农业发展基础等因素，宁夏大力发展优质粮食和草畜、蔬菜、枸杞、葡萄“1+4”特色优势产业，因地制宜、分类指导、宜粮则粮、宜经则经、宜草则草，扎实推进区域布局和产业结构优化升级，着力打造优势突出、特色鲜明、效益显著的产业集群。

优化区域布局。一方面，以沿黄城市带、清水河城镇产业带建设为契机，以城带乡、以工促农、城乡统筹，促进城乡经济社会一体化，助推引黄灌区、中部干旱带、南部山区现代农业发展；另一方面，以发展现代农业为目标，以农业综合生产能力建设和节水型灌区建设为重点，充分发挥区位、资本、市场、科技等优势，积极推进产业规模化、种养集约化、生产标准化、产出高效化，促进产加销一体化经营，形成以优质粮食、草畜、蔬菜、枸杞、葡萄等为主的现代农业产业体系，加快打造一批产业大县及农产品加工园区。

优化产业结构。“十三五”期间，宁夏集中力量重点发展优质粮食、草畜、蔬菜、枸杞、葡萄“1+4”特色优势产业。

一是稳定增强粮食产能。紧紧围绕“提质增效转方式、稳粮增收可持续”的主线，以保供增收为重点，坚持稳定面积、调整结构、优化品种、提高单产和品质，加大粮经、粮粮、粮饲、粮油“一年两熟”的模式进行示范推广，深入推进绿色高产高效增产技术应用，提高粮食生产的比较效益。

二是做大草畜产业。以节本增效为重点，加强标准化规模养殖基础设施建设。大力发展优质苜蓿等优质牧草，积极开展粮改饲及养殖大县种养结合整县推进试点，加强农作物秸秆等农副资源饲料化利用，促进粮经饲三元种植结构协调发展和循环利用。

三是做优蔬菜产业。以高效低耗为目标，以提升百万亩设施蔬菜（1 亩≈667 m^2，15 亩 =1 hm^2，全书同）、百万亩冷凉蔬菜、百万亩硒砂瓜生产效益为重点，引黄灌区重点发展节能日光温室，突出精品果类蔬菜生产，中南部地区继续加大以水源为核心的基础设施建设，稳步发展拱棚生产，扩大优势作物种植规模。加强标准化基地建设，完善灌排体系等基础设施，加大测土配肥、水肥一体化、绿色防控、农机农艺融合等技术推广。

四是做精枸杞产业。全面提升宁夏枸杞产业的发展水平和市场竞争力，构建形成“一核两带十产区”枸杞产业发展新格局，打响“中国枸杞”第一品牌，打造全国高端枸杞市场。

五是做强葡萄产业。坚持“小酒庄、大产区”发展模式，以市场需求为导向，以提质增效、增强产品竞争力和品牌影响力为核心，以科技与机制创新为动力，在农业机械、灌装设备、质量检测、技术服务等领域基本实现专业化服务，着力构建葡萄酒产业体系、生产体系和经营体系，基本实现酒庄与基地一体化经营。

（二）发展循环农业是宁夏特色农业的出路

宁夏是经济欠发达地区。农业在宁夏国民经济中占有重要地位。与东南沿海发达地区相比较，一方面，宁夏农业投入低，经营粗放，耕地和水资源利用效率低，农业结构单一，加工和服务业发展迟缓，农业发展总体相对落后；另一方面，宁夏地处干旱、半干旱、半湿润地带，属典型的内陆高原气候，水资源严重短缺，生态环境非常脆弱。因此，宁夏面临着农业发展与生态环境保护的双重困难和两难矛盾。如何创新思路，寻求农业发展与生态环境保护之间的结合点，建立具有宁夏特色的农业新型发展模式，促进农业可持续发展，是一项重大课题，也是宁夏建设社会主义新农村，全面建设小康社会，实现又好又快发展的迫切要求。

1. 发展循环农业是实现宁夏农业绿色发展的必然要求

宁夏是我国西部少数民族聚居地，经济发展相对滞后，长期以来粗放型的经济发展方式使得宁夏资源利用效率低下，生态环境恶化的问题日益突出，特别是农业水、土等资源约束日益严重，畜禽养殖业和集约化种植业快速发展导致农业面源污染不断加剧，农业生态服务功能弱化和农业生态系统退化等问题，已经严重影响宁夏农业可持续发展。发展高质量绿色农业，实现人与自然和谐共生，是落实可持续发展战略、建设生态文明的战略选择，走发展循环农业之路已成为宁夏实现农业绿色发展的必然选择。

2. 发展循环农业是实现宁夏农业供给侧结构性改革的必然选择

近年来，宁夏通过有机肥替代化肥、畜禽健康养殖、测土配方施肥、病虫害统防统治等绿色技术 / 模式的推广应用，使得农产品质量安全和效益得到大幅改善，但局部产地环境污染问题依然突出，化肥农药过量使用现象并未彻底扭转，农业生产成本居高不下，农产品竞争力下降，结果是宁夏农业的发展不可持续。转变农业生产方式，大力发展循环农业，可以有效解决农业资源要素的错配扭曲，实现优化产品结构、优化产业体系、优化生产体系、优化区域布局、优化经营体系、优化资源利用方式和巩固提升产能，因此，发展循环农业是实现农业供给侧结构性改革的必然选择。

3. 发展循环农业是实现宁夏乡村振兴的重要抓手

长期以来，在宁夏农业农村的发展过程中，由于“重开发轻保护、重利用轻循环、重产量轻质量”，致使农业不够强、农村不够美、农民不够富的问题难以解决。实施乡村振兴战略，迫切需要推动形成绿色生产方式、绿色农产品供给、特色优势产业做大做强、农业农村多功能发展、农村环境整洁优美和农民科技文化素质及乡居生活幸福指数双提高，实现“产业兴旺、生态宜居、乡风文明、治理有效、生活富裕”的目标，而发展循环农业，不仅可以实现资源高效循环利用、节能减排、节本增效、产业链延伸和产业升级，而且可以实现区域优化布局、科技创新、质量安全、绿色环保和乡民福祉，是实现乡村振兴的着力点和重要抓手。

第二章 国内外循环农业发展的水平及现状

一、循环农业的内涵及原则

循环农业是把清洁生产思想与循环经济理论、可持续发展与产业链延伸理念相结合运用于农业生产系统中，以“减量化、再利用、资源化”为原则，以低消耗、低排放、高效率为基本特征，以“资源—产品—废弃物—再生资源循环利用”为核心的循环生产模式的农业。它强调在保护农业生态环境和充分利用高新技术的基础上，调整和优化农业生态系统内部结构和产业结构，提高农业系统物质能量的多级循环利用，严格控制外部有害物质的投入和农业废弃物的产生，较大程度地减轻环境污染，实现生态的良性循环与农业的可持续发展。概括起来，循环农业就是以资源高效循环利用为核心的资源节约型农业，以减少废弃物和污染物排放的环境友好型农业，以产业链延伸和产业升级为目标的高效型农业，以科技进步和管理优化为支撑的现代农业。

发展循环农业的核心是转变农业生产方式、改善农业生态环境、提升农产品品质，从过去的数量增长为主转到质量、数量、生态效益并重，由过去主要通过要素投入转到依靠科技和提高劳动者素质上来，由过去资源过度消耗转到可持续发展的道路上来，逐渐实现产业融合发展，探索与应用农牧结合、农林结合、生态种养、农业废弃物资源化综合利用等技术，构建点串成线、线织成网、网覆盖区域的以“主体小循环、片区中循环、区域大循环”为特征的现代循环农业技术体系。

发展循环农业需坚持 4 个原则：一是“减量化”原则，尽量减少进入生产和消费过程的物质量，节约资源使用，减少污染物排放。二是“再利用”原则，提高产品和服务的利用效率，减少一次用品污染。三是“再循环”原则，物品完成使用功能后，能够重新变成再生资源，使上一级废弃物成为下一级生产环节的原料，较大限度地利用进入生产和消费系统的物质和能量。四是“可控化”原则，通过合理设计，优化布局接口，形成循环链，有效防控废弃物质或不利因素产生，提高系统内经济运行的质量和效益，实现经济发展与资源节约循环、环境保护相协调的目标。

二、国内外循环农业发展的模式

迄今为止，世界各国结合其农业资源禀赋特征、产业结构、生产和经营体系，发展了多种循环农业模式。

多元化的农业循环经济发展模式：例如，日本滋贺县爱东町的农业循环经济（图 2–1）经历了基础（回收生活废弃物循环再利用）、探索（废食用油生物燃油化）、转型（生物资源循环利用）、腾飞（生物资源综合利用）4 个时期后，形成了油菜籽油渣发酵处理生产优质有机肥料或饲料、废弃食用油回收再

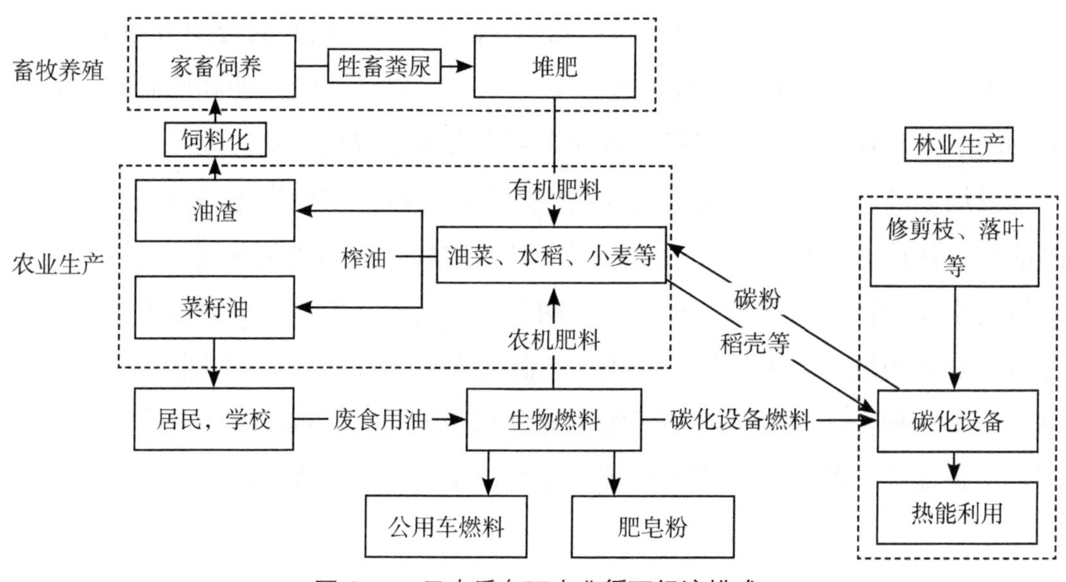

图 2–1　日本爱东町农业循环经济模式

加工成生物燃油的循环模式。爱东町的“菜花工程”已成为日本循环农业的重要实践模式，油菜生产和废弃物综合利用是其循环发展模式的核心，并以此加强其产业链延伸，带动旅游产业、传统文化等关联产业发展，形成多功能化农业循环经济发展模式，在改善农民生活的同时，达到了经济、环境和社会发展的协调统一。

减量化模式：追求以相对较少的投入获得优质的高产出和高效益，精准农业是“减量化”的循环农业的代表。美国是世界上实施精准农业较早的国家之一，1990 年美国将 GPS 系统技术应用到农业生产领域，开始对小麦、玉米、大豆等作物的生产进行精准管理，较大限度地优化使用农业投入要素（如化肥、农药、水、种子等）以获取较高产量和经济效益，减少使用化肥和农药等化学物质，保护农业生态环境。

资源化模式：在农业生产过程中，以节约资源和不破坏环境为前提，充分让农业生态系统各元素有效配置以实现环境效益最大化。以英国的“永久农业”（图 2–2）为代表，农场主们强调循环利用各种资源，节省能源；通过栽植各种植物和引入食肉动物，丰富物种多样性以少用农药来防控病虫害，将粪便堆沤变为有机肥和秸秆还田以完全或部分替代化肥等，尽可能地节约使用土

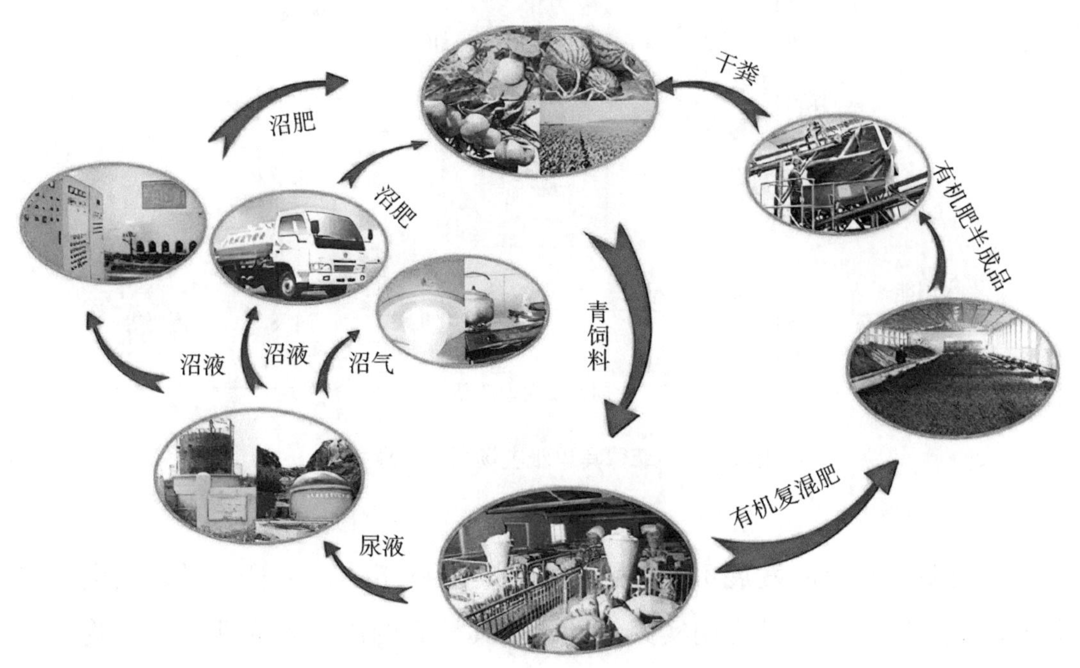

图 2–2　英国的“永久农业”模式

地资源，鼓励发挥自我调节系统的作用。

生态产业园模式：以菲律宾玛雅农场循环农业模式（图 2-3）为代表。从 20 世纪 70 年代开始，玛雅农场由最初的一个面粉厂经过 10 年建设，建成了一个农林牧副渔良性循环的生态系统，面粉厂产生大量麸皮为养殖场和鱼塘提供饲料，畜产品和水产品深加工建立起肉食加工和罐头制造厂，延长产业链增加收入。到 1981 年，农场拥有 36 hm^2 的稻田和经济林，饲养 2.5 万头猪、70 头牛和 1 万只鸭。农场建立起十几个沼气车间控制畜禽粪肥污染、循环利用加工厂的废弃物，每天生产的沼气能满足农场生产和家庭生活所需的能源，沼渣还可回收一些牲畜饲料和生产有机肥料，沼液经处理后送入水塘养鱼养鸭，最后利用塘水和塘泥肥田，粮食又送面粉厂加工进入下一次循环。玛雅农场不用从外部购买原料、燃料、肥料，却能保持高额利润，而且没有废气、废水和废渣的污染，充分实现了物质的循环利用。

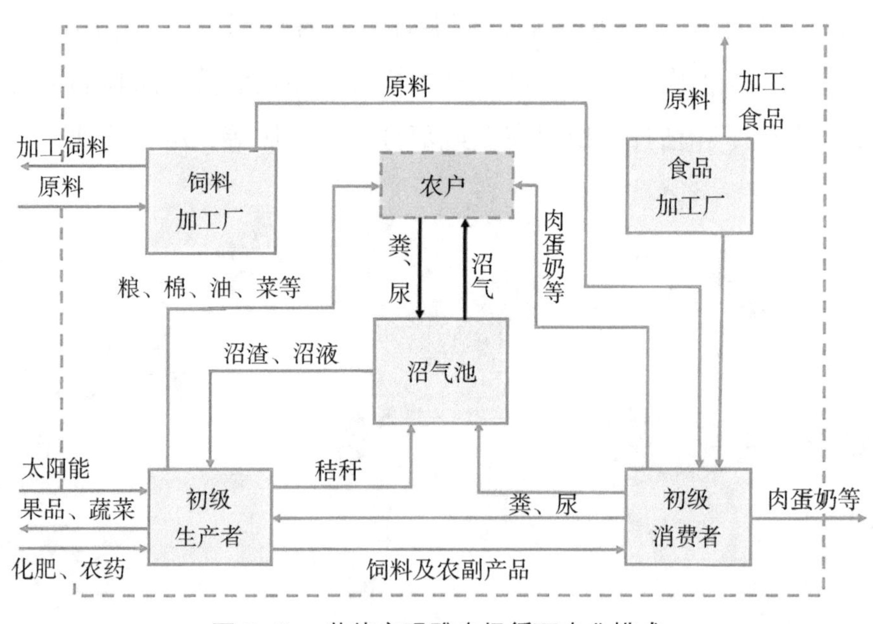

图 2-3　菲律宾玛雅农场循环农业模式

我国循环农业的发展可以追溯到 20 世纪 90 年代，尽管当时是以生态农业为抓手开展各种研发应用实践活动，但其核心的内容是农业系统中物质流和能量流的平衡与循环。进入 21 世纪后，党中央国务院基于对我国农业高投入、高消耗、高排放、不协调、难循环、低效率的粗放型生产经营方式或模式并未根本改变的准确判断，先后出台了《循环经济促进法》《清洁生产促进法》等法律法规，印发《建立以绿色生态为导向的农业补贴制度改革方案》《关于实施农业绿色发展五大行动的通知》《全国农业可持续发展规划（2015—2030年）》和《关于创新体制机制推进农业绿色发展的意见》等文件，积极引导和倡导涉农经营主体积极开展循环农业实践，全国各地也出台了地方循环农业发展规划与实施方案。2017 年，农业部启动实施秸秆综合利用、畜禽粪污资源化利用、果菜茶有机肥替代化肥、农膜回收和以长江为重点的水生生物保护的农业绿色发展 5 大行动，在 4 个省市、96 个畜牧养殖大县试点推进沼气工程，发挥着生态循环、污染治理、能源供给等方面的复合作用。先后支持建设了 13 个生态农业基地，开展了 3 个循环农业试点省、10 个循环农业示范市、102 个国家级生态农业示范县、1 100 个美丽乡村等建设，还在全国不同类型地区建成 13 个现代生态农业基地，凝练形成了西北干旱区节水环保型、黄土高原区果园清洁型、西南山区生态保育型、南方水网区水体清洁型、北方集约化农区清洁生产型、城郊多功能型 6 大生态农业模式。其中，山区茶园生态种植、旱作农田生态栽培、生物共生、废弃物资源化利用 4 大类 23 项重点技术在不同基地上得到了示范应用，取得明显的生态经济效益。形成了循环农业示范带动体系，构筑了“主体小循环、园区中循环、县域大循环”的多样化发展格局，取得良好示范引领成效。发展至今，我国的主要循环农业模式涵盖 3 个类别。

一是基于生态农业升级的循环农业模式。如图 2-4 所示，该模式的核心是在保护和改善生态环境实践活动中，基本实现物质与能量循环，反映生态经济社会三大效益统一的思想。例如，猪—沼—菜模式；猪—沼—果（鱼）模式；封闭生物链循环；种—养—加模式；鸡—猪—鱼模式；牛—蘑菇—蚯蚓—鸡—猪—鱼模式；家畜—沼气—食用菌—蚯蚓—鸡—猪—鱼模式和鸡—猪模式；等等。

二是农业废弃物资源的多级循环利用模式。如图 2-5 所示，该模式的核心是围绕农产品加工业所产生的废水、废气、废渣的资源化综合利用。如对畜禽粪便集中处理、规模化、标准化加工生产成不同类型的有机肥（固态、液态等），废水入池发酵生产沼气，沼气发电生火、沼液作肥；还有种植秸秆的生物质化等，农田残留农膜的再塑化等技术。

三是以农业园区为单元/单位的整体循环农业模式，如图 2-6 所示，该

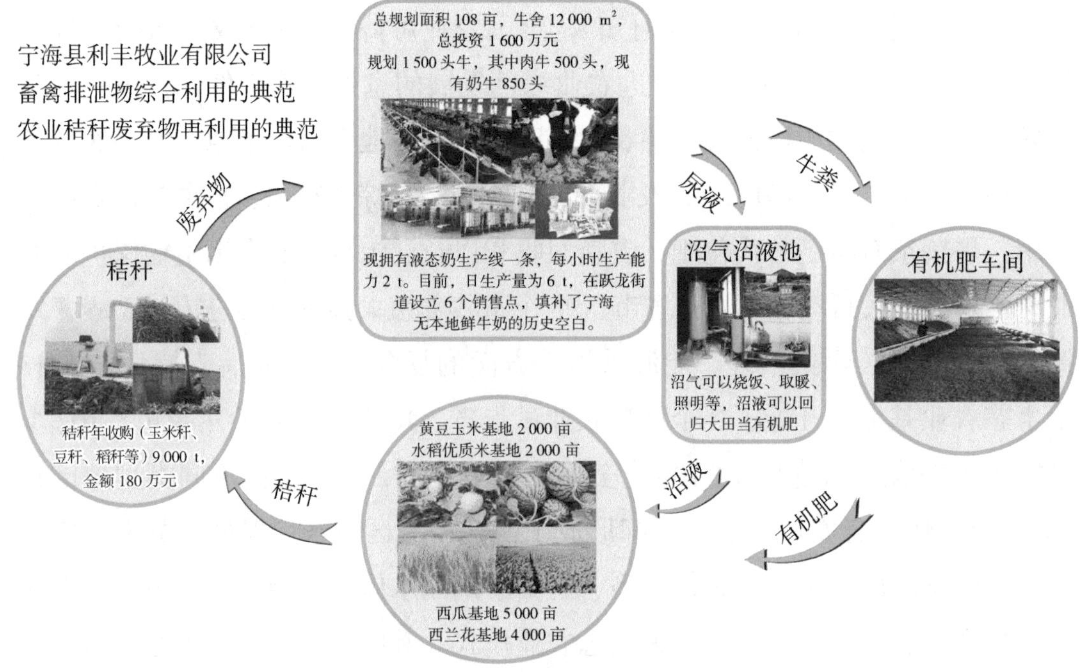

图 2-4　基于生态农业升级的循环农业模式

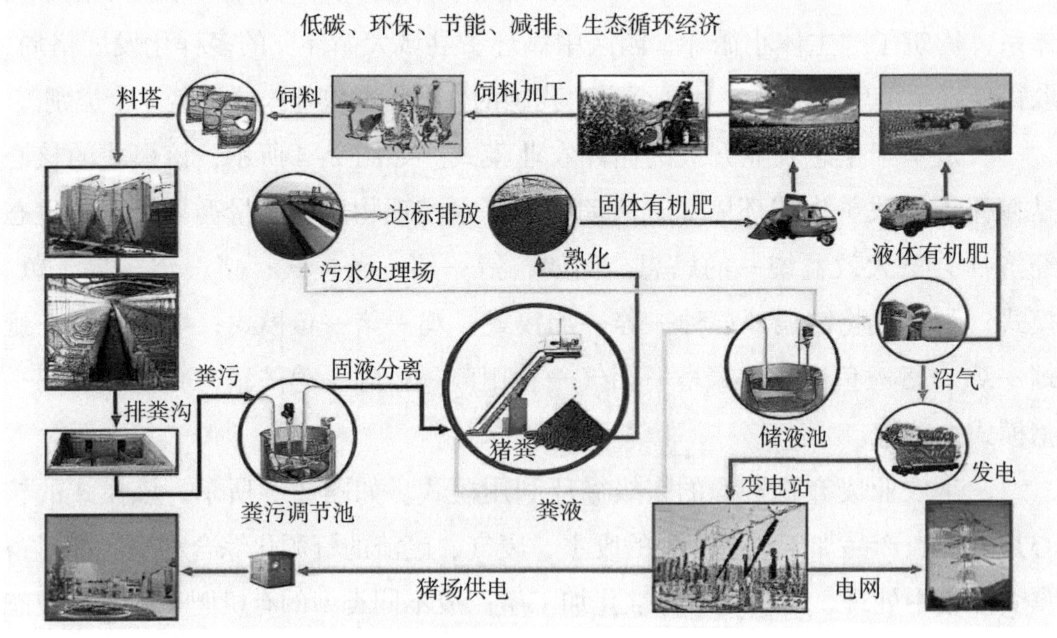

图 2-5　农业废弃物资源的多级循环利用模式

模式的核心是在其循环路径中包含了种—养—加—生（生物质产业）四全产业，且在不同产业间物流与能量流闭合循环中，依托延伸产业链条实现产业产品价值最大化。例如，葡萄园区种植生产葡萄，葡萄加工成酒、葡萄残渣可做饲料、加工废液废渣可产生物质气或肥料回田等。另外，园区还可加入文创产业，如以建设观光农业为核心，以葡萄种植系统、葡萄酒酿造系统、抗氧化活性生物工程、生物化肥和环境保护处理系统为链条，集葡萄栽培、工业产品生产和旅游观光农业等功能于一体，形成比较完整和闭合的生态循环经济网络。较常规园区循环模式，该模式新增了生态居住区—生活污染物处理—水池养鱼—鱼粪还田这样闭合循环的内容。

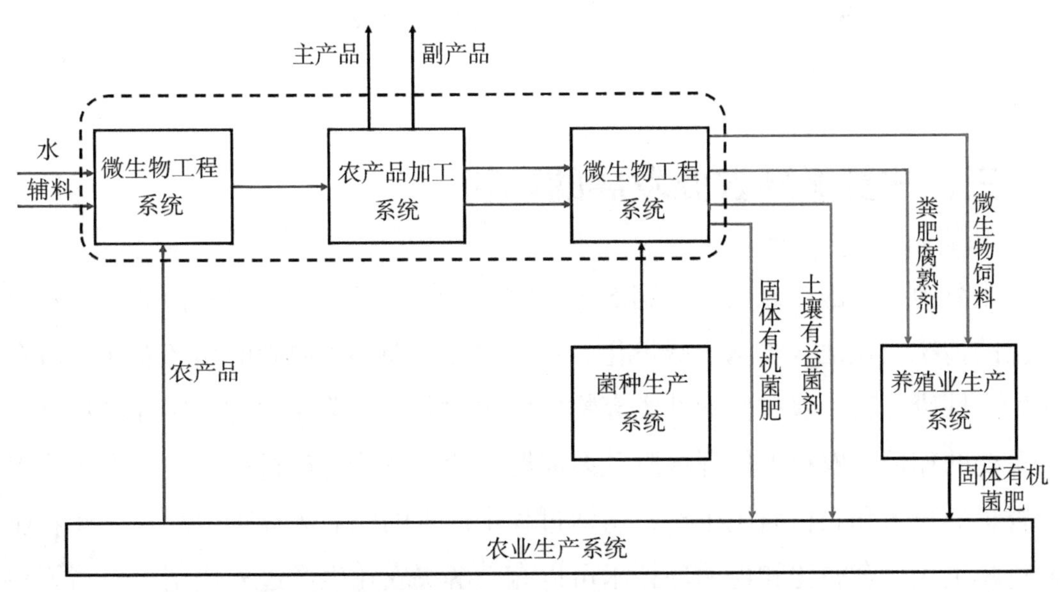

图 2-6　以农业园区为单元 / 单位的整体循环农业模式

总体而言，无论是国外还是国内，循环农业模式都是政府导向型的一种现代农业模式。首先，政府不仅需要给予法规与制度上的保障支持，而且需要给予税收、信贷、财政等方面的支持以及给予土地承包、环保和基础投入等方面的支持政策，如日本政府 2013 年开始为发展农业循环经济每年增加 2 000 万日元投入，对符合条件的环保型农户提供最长期限为 12 年的 10 万～ 200 万日元不等的无息贷款，农户还会得到政府或农业协会提供的 5 万～ 50 万日元的资金扶持，减免 7% ～ 30% 的税收，引导促进循环农业持续健康快速发展。其次，循环农业经营主体，涵盖了区域（县 / 乡 / 村）—部门（公司 / 企业）—集体（合作社）—个体（专业大户 / 家庭农场）4 个层面，通过不同企业间的物质、能量、信息集成形成的以龙头企业带动区域内若干个中小企业、合作社和农户的生态产业园，不同尺度区域中的各部门、各产业之间利益分配及协同对于循环农业的发展至为关键。最后，相比日本和欧美国家，我国循环农业发展的理念不足或滞后，循环农业发展规模还比较小，进程还比较慢，还需多渠道地推广和大力宣传，特别是要向绿色 GDP 或绿色经济核算转变。21 世纪以来，从中央到地方各级政府对发展循环农业高度重视，应当说我国发展循环农业迎来了大好时机，借鉴国际经验，完善我国农业循环经济发展的财政体系和市场体系、构建科技创新体系和人才团队，充分发挥财政、市场和人才作用，全面推进循环农业发展，实现我国农业绿色发展战略目标。

三、宁夏循环农业发展的现状

宁夏地处我国西北内陆，辖 5 市 22 个县（市、区），是以种植业和养殖业为主的传统农业地区。基于减量化、资源化和再循环为原则的循环农业，对农业生产性废弃物、农村生活性废弃物的资源化利用，美化农村人居环境具有十分重要的作用。农村人居环境脏乱差问题一般由农业生产过程化肥、农药等生产资料的投入和农村居民生产、生活过程中产生的农业废弃物引起，循环农业通过减量化、资源化和再循环技术可以有效解决农业生产过程化肥、农药等物质对土壤、水生态的污染。同时，通过对农作物秸秆、畜禽粪便（尿）等的资源化利用，一方面可以解决农业生产和生活废弃物对农村生态环境的污染；另一方面通过这些废弃物的处理，可以有效地治理农村人居环境，为农业生产提供优质肥料，改善土壤肥力。

循环农业是应用农业生态学规律，把农业资源投入、农业生产、农产品消费和废弃物排放等诸多环节组织成为“资源利用现代农业资源再生”的封闭式流程，使农业资源在循环中得到充分合理利用，做到农业生产无公害化、污染排放最小化、废弃物资源化。近年来，全区各地本着减量化、再利用、再循环的原则，积极探索了以沼气为纽带的适应不同环境条件，各具特色的农业循环经济典型经验和模式，为推动全区农业和农村经济发展，促进社会主义新农村建设发挥了积极作用。

发展生态循环农业，推进农村清洁工程建设，防治农业面源污染，让农业废弃物“变废为宝、变弃为用、变害为利”，努力走农业低碳经济之路，促进了全区农业可持续发展。宁夏已探索创新出“农业—畜牧业—沼气”“农作物秸秆还田循环利用”“畜—沼—粮菜果药”“柠条—香菇—饲料—沼气—有机肥”“农—牧—菌”“农—牧—虫—禽”“种植秋粮—秸秆养畜—发展沼气—沼液还田—促进种植”“生态养殖—食品加工—清洁能源—有机肥料—有机种植—订单农业”等多种循环农业模式，延长了传统农业链条，转变了农业增长方式，促进了生态农业良性循环，还带动农民加快增收致富。农作物秸秆再生循环利用模式的推广，促进了种植业与养殖业的结合，实现了农业生态系统内的物质循环利用。

1. 农田内循环模式

农田内循环模式是物质在农业生态系统特别是生产系统的生物组分和环境组分之间的交换，通过物质在生物与生物之间以及生物与环境之间的交换过程，根据循环农业资源投入的减量化原则、再利用和资源化原则减少农药、化肥等有害物质的投入，同时根据相应的生态工程措施对农作物秸秆、畜禽粪便和人粪尿等农业废弃物进行资源化利用。农田内循环模式基本上属于一种小循环，是单一农户层面上循环农业的基本构成模式，也是较简单的一类循环农业生产模式，一般包含传统农业生产中所采用的间套种、秸秆还田、农田养殖、坡地水保措施、接种根瘤菌或菌根菌和施肥控制等模式。

2. 种养间的循环结构

从 2010 年到 2016 年，彭阳山区夏秋粮面积比例由 27∶73 调整为 20∶80，产量比例由 18∶82 调整为 12∶88。结合旱作农业发展，彭阳山区还加快了玉米粮改饲的步伐，为养殖业提供了稳定的饲草料来源。目前，“种植秋粮—秸秆养畜—发展沼气—沼液还田—促进种植”的循环农业模式在山区各地加快形成。

西吉县宁夏向丰循环农业示范园是集标准化肉牛养殖、优质饲草料种植、绿色生态牛肉深加工、有机肥环保加工于一体的种养加循环经济示范园区。该园区根据当地资源优势，培育多个新的经济增长点，大力发展马铃薯种薯繁育、种草养畜、淀粉生产、有机肥加工的循环农业经济，以马铃薯制粉渣、青贮玉米、优质紫花苜蓿等为饲料发展肉牛养殖，以牛粪为原料利用沼气池生产清洁能源，以沼渣、沼液为原料生产优质有机肥料还田种植马铃薯、地膜玉米，确保粪便资源化、无害化利用，做到“草（粮）→牲畜→粪肥→草（粮）”的良性循环，形成了“市场＋经营主体＋基地＋农户”的种养加一条龙循环农业经济。

固原利用柠条枝生产香菇等食用菌，香菇出菇后的废基料可做牲畜饲料或改良土壤的有机质，牲畜粪便可做沼气池原料，产生沼气，供农户烧水做饭、照明，沼液、沼渣又可做果园的优质肥料，从而使柠条形成“柠条—香菇—饲料—沼气—有机肥”的生态农业模式。

灵武市形成了粪污资源利用和种养结合循环模式。2018 年，灵武市大力实施生态循环农业、畜禽粪污资源化利用推进项目，按照“以地定畜、以种定养”的原则，进一步调整优化畜禽养殖布局，统筹畜产品供给和畜禽粪污治理，全市畜禽粪污综合利用率达到 88% 以上，规模养殖场粪污处理设施装备配套率达到 90% 以上。

3. 以沼气为纽带的循环农业

根据宁夏南部山区、中部干旱带、引黄灌区等不同区域的特征，宁夏各市（县）在积极推广、实施沼气项目建设的同时，围绕沼渣、沼液的综合利用，结合当地特色优势产业，积极推广农村沼气生态循环模式，把养殖业和种植业紧密联系起来，在农业内部形成了养殖→沼气、沼肥→种植→养殖的循环经济链条，培育形成了一批“猪（牛）—沼—菜（果）”的农业循环经济示范点（县、村），也结合当地实际总结和探索出了沼气综合利用的各类模式。例如：彭阳县白阳镇周沟村“循环农业新农村建设模式”、隆德县“猪—沼—菜”农业生态循环模式、盐池县下王庄村“循环农业新农村建设模式”、中卫市万国种猪繁育场“循环农业经济模式”、中宁县潘营村“猪—沼—果（枸、杞）”生态模式、吴忠市利通区“牛—沼—果—牧”生态循环模式、青铜峡市邵刚镇沙湖村“循环农业建设模式”、永宁县“牛—沼—牧—绿色食品”生态循环模式等。

第三章 宁夏循环农业发展存在的问题及分析

一、存在的问题

1. 政策与制度建设不断完善，但仍有不足

一方面，相关政策和制度不完善。2013 年国务院出台《循环经济发展战略及近期行动计划》，2017 年农业部印发《种养结合循环农业示范工程建设规划》，2018 年国务院办公厅在《关于推进农业高新技术产业示范区建设发展的指导意见》中明确提出“坚持绿色发展理念，发展循环生态农业，推进农业资源高效利用”的要求，但宁夏尚未出台促进循环农业发展的政策办法。另一方面，政策执行不到位。宁夏回族自治区人民政府近年来就发展循环农业陆续发布了系列文件，如 2012 年发布《宁夏回族自治区农业废弃物处理与利用办法》，2015 年出台《自治区党委关于落实绿色发展理念加快美丽宁夏建设的意见》，2016 年印发《宁夏加快推进畜禽养殖废弃物资源化利用工作方案》，2017 年出台《宁夏回族自治区农业面源污染防治的实施意见》，2018 年印发《宁夏回族自治区打赢蓝天保卫战三年行动计划（2018—2020 年）》，在养殖业粪污处理后补助、土地流转补助、循环农业奖励制度等方面给予了政策支持，但存在推动现代循环农业其他措施不完善、政策执行不到位、形式主义较为严重等问题。

2. 农田面源污染减排成效显著，但是相关标准和技术仍然缺失

在控制农药零增长方面，进一步强化病虫害监测预警，建设自动化、智能化田间监测网点 100 个，制定全区枸杞、酿酒葡萄和马铃薯等主要作物测报技

术标准，提高监测预警的时效性和准确性，农作物病虫发生趋势长期预报准确率达到85%以上，短期预报准确率达到90%以上。推进专业化统防统治和绿色防控技术示范，围绕主要作物和特色作物，在全区建立自治区级绿色防控示范区21个，集成、推广适合不同作物的病虫害绿色防控技术，推广自走式喷杆喷雾器、多旋翼无人机、风送式喷雾器等现代植保机械以及低容量喷雾、静电喷雾等先进施药技术，全区每年开展农作物病虫害统防统治覆盖率达到30%以上。制定低毒、低残留农药品种推荐目录，示范推广高效、低毒、低残留农药，科学采用种子、种苗、土壤处理等预防措施，减少中后期农药施用次数，合理添加助剂，促进农药减量增效，提高防治效果，全区农药使用量为2 950 t。但是，农药施用时存在农业农村绿色发展的观念薄弱，仍然缺乏高效的绿色防控的相关技术、农药等投入品规范使用的标准规范缺失等问题。

在推进秸秆资源化利用方面，全区主要农作物秸秆可收集量630万t，资源化利用总量为504万t，利用率80%。依托养殖业发展，以订单生产为主要方式，推进秸秆饲料化利用，实施好国家粮改饲示范县等项目，大力推广青贮、黄贮和秸秆压块打捆等实用技术，提高秸秆饲料化利用率，秸秆饲料化占秸秆可收集量的比重为56%，年利用总量达到380万t。以主要粮食作物秸秆为重点，推广使用秸秆粉碎还田机、玉米联合收获机、青饲料收获机械，在引（扬）黄灌区推广水稻留茬还田和玉米秸秆粉碎深翻还田等技术，中南部旱作农业区推广覆膜玉米秸秆腐熟堆沤还田，全区秸秆还田面积达到120万亩，秸秆还田量达到90万t以上，示范推广以冬牧70黑麦为主的绿肥还田替代化肥用量3万t以上。但是仍然存在诸多问题，一是每年产生枸杞枝条20万t、葡萄枝条38.4万t，主要采用焚烧和填埋，利用率不足10%；二是灭茬翻压机械尤其适合于农户的小型机械不多，缺乏适合与不同气候条件的腐熟剂；三是秸秆商品化加工、配送和肉牛肉羊饲喂技术不成熟，缺乏秸秆机械化收集、田间打捆、饲草调制添加剂应用和玉米秸秆方捆商品化生产配送服务，没有根据牛羊不同生产（生理）阶段营养需要、以农作物秸秆为基础粗饲料的精细化饲养方案；四是在秸秆利用中简化技术、减少劳动力的机械研发不足，以秸秆为原料的复合肥料生产滞后；五是秸秆还田没有作为“化肥、农药零增长支持政策”“耕地保护与质量提升补助政策”和“测土配方施肥补助政策”等内容给予补贴，影响了秸秆利用、养殖业生产和土壤肥力建设的协同发展。

在面源污染防控方面，以粮食作物、经济作物及林果为重点，大力推广侧条施肥、机械深施肥，示范推广缓控释肥、水溶肥、生物肥等新型肥料，初步实现主要农作物测土配方施肥全覆盖，实现化肥减量增效。推广水肥一体化施肥技术 140 万亩，改进施肥方法，结合叶面喷施等施肥方式，提高肥料当季利用率。应用现代生物技术、信息技术、工程技术等先进技术，加强农业面源污染成因、阻控、消减等应用基础研究，积极开展有机肥替代、肥药减施增效、农业农村废弃物资源化利用等技术的研发应用，加快构建农业面源污染防治技术体系。但是，宁夏引黄灌区从黄河年引水量约 70 亿 m^3，年退水量 30 亿 m^3 左右，随着农业化肥投入和养殖规模的不断增长，退水中的氮、磷、COD 等污染物对灌区水环境和黄河水安全构成严重影响，化肥与规模养殖贡献了灌区退水中 TN 和 TP 总量的 2/3 左右，规模养殖已成为宁夏灌区退水中 COD 的主要来源，对黄河水质安全造成威胁。主要原因是农田化肥投入持续增长，但效率较低；养殖规模不断扩大，而废弃物处理与利用水平低；退水污染控制科技支撑体系薄弱，灌区退水污染特征不明，控制技术零散，面源环境管理政策支持不力。

3. 落实畜禽养殖污染防治系列措施，但是在投入、创新、布局方面存在短板

按照农牧结合、种养平衡的原则，加快制定畜禽养殖污染防治规划，科学规划布局畜禽养殖品种、规模、总量，依法科学划定畜禽禁养区，禁养区内的畜禽养殖场（小区）限期依法关闭和搬迁。加强畜禽规模养殖场粪污治理，新建、改扩建规模化畜禽养殖场，配套建设粪便污水贮存、处理、利用设施，现有畜禽规模化养殖场加快配套建设粪便污水贮存、处理、利用设施。加强畜禽粪污综合处理与利用，在饲养密度较高地区和新农村集中区，引导示范建设规模化沼气工程，鼓励和支持散养密集区实行畜禽粪污分户收集、集中处理，示范推广种养结合、畜禽粪污固液分离、干粪发酵处理、污水处理等实用技术，提升养殖业粪污无害化处理与资源化利用水平。支持引导商品有机肥生产加工和使用，将有机肥加工纳入财政支持范围，全区每年扶持 10 家规模有机肥生产加工企业，有机肥商品生产量达到 24 万 t，全区有机肥施用面积 210 万亩，其中规模畜禽养殖场（小区）配套建设废弃物处理设施比例为45%。但仍然存在以下问题。一是养殖业布局欠合理，粪污污染分散与资源化利用不足并存，规模化养殖的集中污染与农户养殖的分散污染同时存在，尤其是家庭养殖粪污处理不足10%，原地随意堆放及生粪直接还田等情况随处可见，农村空气和水体污染严重影响了居民生活和新农村建设。二是各类扶持资金较为分散，对于集中处理好的龙头企业和肥料企业支持不够，资金支持的环节有待调整。三是养殖场配套设施建设以及粪污无害化处理和资源化利用缺乏相应的技术标准和规范，一些粪污处理设施由于管理不善和质量不好等导致利用不高。四是种养结合不够，养殖业粪污利用差与种植业有机肥源短缺的矛盾突出，全区养殖业粪污处理利用不足20%，而耕地有机肥投入严重不足，土壤肥力下降。五是科技创新能力不足，简便实用的粪污资源化利用技术、功能性除臭微生物菌剂、适合北方低温发酵的菌种、适于分散养殖的简易设施和实用技术等缺乏系统研究和产品研发。此外，有机肥盐分和抗生素含量高、废弃物原地消纳技术不足均影响了养殖业粪污处理利用。

4. 优势特色农产品加工业蓬勃开展，但在技术和管理方面仍有待提高

宁夏大力实施农产品加工提升行动，认真贯彻落实中央农产品产地初加工补助政策，加快推进产地初加工、精深加工、主食加工和加工副产物及农业废弃物综合利用4种业态协调发展，粮油食材、脱水蔬菜、冷鲜净菜、乳制品、枸杞衍生品、食药同源产品等加工竞相发展。全行业总产值突破700亿元大关，增长8.9%，农产品加工转化率达到66%，加工业产值与农业总产值之比约达到1.6∶1，有效支撑了乡村产业振兴。其中，葡萄酒产区酒庄（企业）年产葡萄酒1.5亿瓶，综合产值达到230亿元，吸纳扶贫移民区劳动力就近就业达到12万人；产地初加工新建马铃薯冷藏窖1 414座，新增冷藏保鲜能力46 080 t；新建果蔬冷藏库233座，新增冷藏保鲜能力23 189 t；新建枸杞烘干房135座，新增烘干制干能力215 t，吸纳农村劳动力就近就业达18万人以上。但是，仍然存在许多问题。一是产业规模化、集约化程度较低，生产技术和生产管理落后，分散经营问题十分突出，市场配置资源的基础性作用还没有得到充分发挥，经济效益差。二是农产品的质量意识、商品意识不足，标准化意识还有很大差距，标准化技术、无公害技术、环境调控技术、防止病虫害技术、防疫技术、可持续发展技术应用率低。三是农产品加工业一头连着农民，另一头连着市民，对于农民增收致富和人民生活水平的提高具有重要意义。

5. 乡村生态环境不断改善，但是产业结构有待优化、第三产业还需发展

农民生产生活条件明显改善，农村环境连片整治初见成效，新建改建农村公路 8 800 多千米，结束了 300 多万群众喝不上干净水的历史，改造危房、危窑 40 余万户，教育、文化、医疗等公共服务水平明显提升，城乡统一的居民基本养老、医疗保险制度基本建立。2017 年农民人均可支配收入突破 10 000 元，农村居民收入增幅连续高于城镇居民。脱贫攻坚取得决定性进展，5 年累计减贫 71.9 万人，贫困发生率由 2012 年的 23.5%下降到 6%，易地扶贫搬迁 42.6 万人。但是，农村生产休闲美化功能单一，如枸杞种植单一、忽视枸杞园区的观光效应、枸杞采摘没有与农业休闲有效结合、贺兰山东麓酿酒葡萄单一化生产没有结合农业生态景观、贺兰山葡萄酒酒堡和葡萄酒品评是新的农村生态景观。

二、问题的成因分析

1. 绿色发展基础不足

受观念和传统农业的影响，人们对循环农业的认识不足，缺乏“放错了地方是污染，放对了地方是资源”的观念，对于绿色 GDP 标准、高质量绿色发展更是缺乏认识，尤其是枸杞、酿酒葡萄枝条和菇渣利用不足 10%。而且，在农村多数是一些 50 岁以上的中老年人，对现代化的科技技术了解得很少，严重影响了循环农业新型农业模式的发展。一方面农业产业空间结构不合理，种养殖业废弃物、农药化肥、抗生素和农村生活污染形成流域尺度复合污染，种养加布局失衡脱节，自身消纳不足，许多废弃物资源化外销；另一方面又需要外购同类的生态产品和有机肥。此外，废弃物资源化生产的规范化好、标准化缺乏，绿色农产品产品质量不高、品牌效益不强、标准话语权不大，有机肥由于含盐高和抗生素富集导致质量不高，制约了废弃物资源化产品的市场销售。

2. 政策扶持力度不够

一是政策相对滞后，循环农业与有机肥补贴政策机制不完善，技术体系无分类量化，效果评价与奖惩脱节，区域间和产业间的生态补偿机制没有建立，废弃物处理成本社会化服务落后。二是在法规的系统性、完备性、科学性等方面均有一定差距，法规政策的针对性和灵活性不强，不能充分发挥作用，法规政策执行不彻底，难以适应发展农业循环经济的要求。三是政府财政支持力度不够，民间资本和银行贷款追求短平快而不介入，作为经营主体的农户资金缺乏、技术落后等，面对自然灾害、市场波动和动植物疫病多重风险，农业保险受保难、赔损难认定的问题，发展循环农业的积极性不高。四是由于农业生产的季节性，在农产品采收和加工旺季时短期内流动资金需求量很大，而普适性、持续性的扶持政策和资金依然缺乏，没有对各地循环农业发展形成长期支持，阻碍了农业循环经济的发展进程。此外，循环农业涉及农业环保水利工商等多部门，管理思路和措施不同，没有形成一致的目标和合力。

3. 农业科技研发水平较低

新形势下，循环农业已经提升为国家战略，但是我们不能照搬国外的模式，循环农业的关键是依然需要走出中国特色的模式。一是循环农业技术涵盖了多个学科领域，目前存在基础性研究不足，循环农业技术储备不够、养殖废弃物快速处理和高质化技术不高，简洁高效废弃物处理设备研发滞后等问题。二是针对不同生态区的循环农业模式适应性，技术措施的研发应用过分依赖于行政化手段而非市场化主动调节也致使技术自发性发展迟缓，缺少适应不同类型区、不同主导产业、不同经济社会条件的集成技术解决方案，分类分区系统指导性不强。三是循环模式中接口技术、评价指标体系和操作标准等研究较少，没有形成集技术选择、设备选型、作物配置、景观设计等于一体的循环农业模式综合实施方案，技术与需求主体的匹配度不高。四是对循环农业单项技术的研究较多，对循环农业技术模式集成研究却不足，尤其对于不同规模、类型的农业经营主体的循环农业技术需求针对性不强。此外，循环农业的科技研发水平较低，不仅表现在科研人员的数量和质量上，更重要是在科研成果及技术转化上，但目前很多高校里面没有开设这样的课程，懂生态、懂农业、懂循环经济的复合型人才严重缺乏。

4. 区域统筹推进合力不够

一是在规划、技术和资金等方面缺少整体性、全链条的规划设计，不能更好地指导、引领各地循环农业发展，单项关键技术效率不够高。二是宁夏通过不同资金渠道，相继开展了养殖场标准化建设、沼气工程建设、秸秆综合利用等项目，也取得一定建设成效，但由于这些措施缺乏系统设计与合力推进，单兵突进多、整体推进少，总体效果并不显著。三是循环农业包含了多项共性关键技术，包括区域农田养分循环利用技术、农田污染物减投及阻控技术、农业光热资源周年优化配置技术、农业废弃物能源化转化利用技术等。这些技术随科技的发展而发展，工艺不断改进优化，但一些关键技术的应用不够，从而导致循环农业模式的整体循环利用效率不高，很难盈利，难以大面积推广应用。四是由于缺乏长效运营机制，种养业废弃物综合利用中资源化生态产品成本高、商品化水平低、农民参与积极性不高等问题依旧突出，如在秸秆综合利用方面，秸秆收储运体系不健全和秸秆还田成本高等问题制约秸秆综合利用的产业化发展，在畜禽粪便处理利用方面有机肥推广、普及滞后等问题也较为普遍。

5. 农业废弃物分散导致收储运处置困难

一是由于小规模种植和分散养殖收储运用工作“最初一公里”的难题在市场化运作方面始终没有得到有效解决，区域范围内没有建立完善的农业废弃物收储运体系，加之田头抢收时间紧和人工清运劳动强度大，致使秸秆和畜禽养殖废弃物等均存在收集成本高、运输难度大、处置困难等问题。二是由于农业废弃物综合利用的龙头公司和骨干公司数量有限，难以形成大的产业发展格局，这也制约了农业废弃物处理成本的降低，农业废弃物二次使用的成本也成为最终能否实现资源循环利用的关键。三是养殖缺乏配套的饲草料基地，区域内粮经饲结构不合理，不仅增加了养殖成本，而且加大了饲草料有效供给的风险，全区 70% 以上农业园区为单一种植业或单一养殖业，其他的农业园区虽然种养兼营，但大多数也难以实现种植与养殖的相互衔接，农业秸秆和养殖粪污资源无法得到有效利用。尽管政府采取了鼓励农民收运的奖励措施，但政策覆盖面有限，奖励政策并未实现长效机制，制约了农民和生产企业的积极性。

6. 财政支持力度不足

循环农业存在“投入大，回报慢”的窘地，一般的企业很难实现大的投入，对农民来说更是望尘莫及。尽管国家在积极推进农业领域PPP落地，但循环农业如何去吸引资本，尤其是商业资本很关键。虽然循环农业每个环节都能赚钱，但哪个环节是主导需要明确。整体的循环农业到底靠哪个环节赚钱，循环农业的商业模式打磨需要顶层设计，以生态为主线，考虑农业的每个环节，设计出盈利模式。同时，通过既定的商业模式运用快速复制的方式，推进循环农业项目的落地实施。农业的补贴是农业经营中的重要内容，各地设定补贴的目的在于刺激发展，但等靠补贴的现象成为当前的诟病，循环农业发展仍旧抱着“补贴思维”，缺乏专注搞产品和经营的思想。

7. 循环农业成本和市场制约

一是运用循环农业技术可以降低生产成本，但循环农业对农业经营的规模要求较高，农业生产中家庭型的小农经济仍占相当大的比重，土地分布较为零散，大型农业机械使用较少，手工劳动仍是主要的生产方式，循环农业延伸的生态产品和农产品成本较高，在市场竞争中很难取胜。二是循环农业不是为了生态而生态、为了循环而循环，循环农业是一个整体的产业链，关键是核心产业如何打造，如何带动其他环节的提升增效，需要在产业的基础上加强整合、提高资源利用率。三是绿色、有机食品一般集中在大型超市销售，而大部分消费者一般选择在农贸市场购物，大部分消费者在选购时很少会从产品内在品质角度去考虑，往往以产品的外表及价格为选择依据，导致绿色、有机农产品的市场需求受到限制，循环农业发展缺乏市场动力，加之产品同质化现象普遍，以种养为主的循环农业产品差异化很小。四是资金投入力度不够，广大农业生产经营者资金有限，难以满足发展循环农业的资金需求，而循环农业投入大、见效慢、经营者参与积极性不高，加之新型农业经营主体的融资能力弱或者缺少资产抵押等，因此在资本运作上处于被动局面。

三、问题的主因分析

基于协同论定性分析宁夏农村区域循环发展现状、现实困境，面向政府、企业、城市、村民、环保组织、科研院校等利益相关者建立农村环境协同治理相互影响的指标体系。引入灰数理论对10年中宁夏农业农村发展中出现的问题进行梳理，将影响关系程度的语义变量赋予灰数区间，同时结合VIVO质性分析和SPSS量化统计软件、克里格算法识别出影响农业农村发展的关键因素及研究因素之间的关系和相互影响程度，厘清农业农村发展中政府、企业、科研院校、农民等利益相关者之间的主体博弈关系，明确各个利益相关者的角色定位，充分发挥各自的功能效应，为乡村振兴战略部署中创设利益均衡的多元协同治理提供参考建议。

（一）基于灰数理论的灰数区间确立

1. 确立研究数据源

收集整理2009—2019年农业农村发展相关的资料，利用内因VIVO软件对64 663 521个特征点进行逐级编码，经过同类属性编码的不断合并与归纳，提取出农村制度、农业产业化、精准扶贫、乡村振兴、土地流转、农业现代化、中央农村工作会议、农业农村发展、农业可持续发展、农民培训、农业基础、农村财政、“三农”工作、农业供给侧结构性改革、新型城镇化、规模化经营、融合发展、美丽乡村发展建设、新农村、水资源、灌溉、畜牧业、农业资源、农产品质量、经济水平、种植业、农业结构、设施农业、休闲农业、新型职业农民、农业废弃物、农民素质、观光农业、引黄灌区、新型农业经营主体、南部山区、农业类型、种养结合、中部干旱带、现代农业、农业企业、合作社、绿色发展、农业污染、面源污染、农村人居环境、农业产业链、农产品物流、农村市场、农村电商、农产品价格、循环农业、农科院、科技支撑、农产品品牌、优势产业等60多个自由节点，进行优化类属，添加备忘录、参照项及注解后，最终形成了农业农村发展协同影响因素相互关系的语义变量集。

2. 确立语义变量灰数区间

分析每个因素与其他因素之间的影响关系，建立由目标层（主题词表）、指标层（灰数矩阵权重、常数、系数）、目标分解层（算法集，关系集）与具体指标层构成的具有阶梯层次结构的初级评价指标构架。根据研究内容的时间、频次和序列对农业农村发展的制约程度确定灰数矩阵权重。按照研究时间长、频次高、制约程度强；研究时间短、频次低、制约程度弱；研究时间短、频次高、制约程度强；研究时间长、频次低、专业序列决定制约程度强弱。初始权重内因为 2019（1）、2018（0.9）、2018（0.8）、2017（0.7）、2016（0.6）、2015（0.5）、2014（0.4）、2013（0.3）、2012（0.2）、2011（0.1）。利用多边形全排列图示指标法对农业农村发展机制效率进行综合量化，建立各影响因素相互关联的初级灰数直接影响矩阵。灰数矩阵权重由公式 $P_x = X(1+\frac{1}{n+1})$ 所得。

（二）对影响因素进行量化范围评价

提取语义变量进行矩阵权重计算，挖掘出 21 个潜在的综合因子。因子方差的值均很高，表明提取的因子能很好地描述 12 个指标，也能够解释三大核心要素——政府（政策、组织、服务、管理、调控）、外因（市场、企业、环境）、内因（水资源、农户、技术、农产品）3 个类属的 93.4%。从第 22 个因子开始，特征值差异趋小。综合以上，提取前 21 个因子进行综合量化评价。按从小到大的原则进行排序，得分高者被认为在这个维度上有较好的表现。如表 3-1 所示。

表 3-1　三级语义变量量化评价表

一级	二级	三级	量化值
外因	市场 企业 环境	农产品价格	2 596
		优势产业，规范化	1 613
		科研院校	703
		农产品市场	462
		农业企业（合作社）	395
		农业产业链	262
		农业污染（面源污染）	158

（续表）

一级	二级	三级	量化值
政府	政策 组织 服务 管理 调控	农业农村发展	7 682
		农业供给侧结构性改革	3 690
		乡村振兴	5 247
		质量兴农	1 242
		绿色兴农	1 029
		效益优先	983
		土地流转	426
内因	水资源 农户 技术 农产品	水资源（灌溉）	3 271
		产业结构	2 374
		引黄灌区	1 621
		种养结合	988
		农业废弃物	706
		农民素质	564
		新型农村	488

采用频次分析法得出三级变量的占比最高为 14.3%。因此，在政府、外因、内因三大核心要素中样本选择是客观合理的。使用因子分析进行信息浓缩研究，KMO 为 0.622，大于 0.6，满足因子分析的前提要求，意味着数据可用于因子分析研究。Bartlett 球形度检验（$P<0.05$），说明研究数据适合进行因子分析，如表 3-2 所示。

表 3-2　KMO 和 Bartlett 的检验表

KMO 值		0.622
Bartlett 球形度检验	近似卡方	22.795
	df	3
	P 值	0

经旋转算法后因子载荷系数项对应的共同度值均高于0.4，意味着研究项和因子之间有着较强的关联性，由此通过“成分得分系数矩阵”建立因子和研究项之间的关系等式进行权重计算，如表3-3所示。

表3-3 成分得分系数矩阵表

名称	成分
外因	0.342
政府	0.335
内因	0.348

因此，可得变量权重值=0.342×外因+0.335×政府+0.348×内因进行Crobach信度分析，信度系数值为0.825，大于0.8，同时被删除后的信度系数值也并没有明显提升，说明因子题项全部均应该保留，研究数据信度质量高（表3-4），可用于进一步分析。

表3-4 Crobach信度分析

名称	校正项总计相关性（CITC）	项已删除的α系数	*Crobach* α系数
外因	0.92	0.767	0.825
政府	0.909	0.984	
内因	0.963	0.683	

所有因子研究项对应的共同度值均高于0.4，另外，KMO值为0.622，大于0.6，意味着数据具有效度。因子的方差解释率值是95.266%，旋转后累积方差解释率为95.266%>50%，意味着因子研究项的工作信息量可以有效提取。结合因子载荷系数绝对值大于0.4，确认各核心要素（维度）和因子研究项与预期相符，有对应关系，如表3-5所示。

表 3-5　效度分析结果

项目	因子载荷系数	共同度
外因	0.977	0.954
政府	0.957	0.916
内因	0.994	0.987
特征根值（旋转前）	2.858	—
方差解释率 %（旋转前）	95.266	—
累积方差解释率 %（旋转前）	95.266	—
特征根值（旋转后）	2.858	—
方差解释率 %（旋转后）	95.266	—
累积方差解释率 %（旋转后）	95.266	—
KMO 值	0.622	—
巴特球形值	22.795	—
df	3	—
P 值	0	—

利用公式对影响因素关系矩阵进行清晰化处理，其中 k 为类属。首先，对各地区直接影响矩阵中灰数上下界进行标准化：

$$\overline{\otimes}\bar{x}_{ij}^{k} = (\overline{\otimes}x_{ij}^{k} - \min\overline{\otimes}x_{ij}^{k}) / \Delta_{\min}^{\max} \quad (3.1)$$

$$\underline{\otimes}\bar{x}_{ij}^{k} = (\underline{\otimes}x_{ij}^{k} - \min\underline{\otimes}x_{ij}^{k}) / \Delta_{\min}^{\max} \quad (3.2)$$

其中：

$$\Delta_{\min}^{\max} = \max\overline{\otimes}x_{ij}^{k} - \min\underline{\otimes}x_{ij}^{k} \quad (3.3)$$

其次，计算灰数标准化后的清晰值：

$$Z_{ij}^{k} = \min_{f} \underline{\otimes} x_{ij}^{k} + Y_{ij}^{k} \Delta_{\min}^{\max} \tag{3.4}$$

最后，结合灰数矩阵权生计算最终的清晰值，得到综合的直接影响矩阵 **Z**。

$$Z_{ij} = \overline{w}_1 Z_{ij}^{l} + \overline{w}_2 Z_{ij}^{l} + \cdots + \overline{w}_k Z_{ij}^{l} \tag{3.5}$$

其中：

$$\sum_{i=1}^{k} \overline{w}_1 = 1, \overline{w}_1 = 1/2(w_k^L + w_k^U) \tag{3.6}$$

对矩阵进行标准化，得到：

$$\boldsymbol{X} = \frac{1}{\max\limits_{1 \le i \le n} \sum_{j}^{n} a_{ij}} \times \boldsymbol{Z} \tag{3.7}$$

利用式（3.7）得到综合矩阵：

$$\boldsymbol{M} = \boldsymbol{X}(1 - \boldsymbol{X})^{-1} \tag{3.8}$$

矩阵 **M** 中因子按行相加为影响度 R，表示该行因子对其他所有因子的综合影响值；矩阵 **M** 中因子按列相加为被影响度 D，表示该列因子受其他所有因子的综合影响值。

$$R_i = \sum_{j=1}^{n} m_{ij} \tag{3.9}$$

$$D_j = \sum_{i=1}^{n} m_{ij} \tag{3.10}$$

利用式（3.9）和式（3.11），将 3 个核心要素的 7 类指标、21 个分析因子进行灰色关联度分析，以每个评价项的最大值作为“参考值”进行分析，分辨系数取默认值 0.5，计算关联系数值，并根据关联系数值计算关联度值用于评价判断。结合关联系数结果进行加权处理，最终得出关联度值，使用关联度值针对 7 个评价对象、3 个核心要素进行评价排序。关联度值介于 0 ～ 1，该值越大代表其与“参考值”（母序列）之间的相关性越强，也意味着其评价越高。可以看出：针对本次 3 个评价核心要素，政府的综合评价最高（关联度为 0.997），其次是内因（关联度为 0.727），如表 3-6 至表 3-8 所示。

表 3-6 内因、外因分别与政府之间的 Pearson 相关系数表

类别	项目	政府
外因	相关系数	0.878**
	P 值	0.009
内因	相关系数	0.927**
	P 值	0.003
* $P<0.05$ ** $P<0.01$		

表 3-7 指标与类属之间关联系数

指标	政府	外因	内因
第 1 类	1	0.333	0.366
第 2 类	1	0.55	0.659
第 3 类	1	0.359	0.412
第 4 类	1	0.765	0.909
第 5 类	1	0.8	0.887
第 6 类	1	0.779	0.859
第 7 类	0.976	0.885	1

表 3-8 关联度结果表

评价项	关联度	排名
政府	0.997	1
外因	0.639	3
内因	0.727	2

将外因、内因作为自变量，将政府作为因变量进行 Robust 回归分析（且使用 *M* 估计法），由表 3-9 可以看出，模型 *R* 平方值为 0.882，意味着外因、内因可以解释政府 0.882 的变化。对模型进行 *F* 检验时发现，模型通过 *F* 检验（$F=14.979$，$P<0.05$），即说明外因、内因中至少一项会对政府产生影响，模型公式为：$y=-1\,496.407-2.908\times$ 外因 $+4.958\times$ 内因。具体分析可知：外因的回归系数值为 −2.908（$t=-1.191$，$P=0.234>0.05$），意味着外因并不会

对政府产生影响。内因的回归系数值为 4.958（t=2.388，P=0.017<0.05），意味着内因会对政府产生显著的正向影响。

表 3-9 三个核心要素的 Robust 回归分析

项目	回归系数	标准误	t	P	95% CI（下限）	95% CI（上限）	R^2	调整 R^2	F
常数	−1 496.407	1 026.074	−1.458	0.145	−3 507.476	514.662			
外因	−2.908	2.442	−1.191	0.234	−7.694	1.879	0.882	0.823	14.979 (0.014*)
内因	4.958	2.077	2.388	0.017*	0.888	9.028			
因变量：政府									
* P<0.05 ** P<0.01									

如表 3-10 所示，利用卡方检验（交叉分析）研究政府对外因、内因 2 项的差异关系，可以看出：政府不同举措对于外因、内因的变化均表现出一致性（P>0.05），并没有差异性。政府所采用的所有举措对外因和内因都会产生影响，不会有只有外因（或者内因）变化而对内因（外因）没有影响的情况。

表 3-10 交叉（卡方）分析结果

项目	名称	政府（%）							总计	X^2	P
		426	983	1 029	1 242	3 690	5 247	7 682			
外因	158	1(100.00)	0(0.00)	0(0.00)	0(0.00)	0(0.00)	0(0.00)	0(0.00)	1(14.29)	42	0.227
	262	0(0.00)	1(100.00)	0(0.00)	0(0.00)	0(0.00)	0(0.00)	0(0.00)	1(14.29)		
	395	0(0.00)	0(0.00)	1(100.00)	0(0.00)	0(0.00)	0(0.00)	0(0.00)	1(14.29)		
	462	0(0.00)	0(0.00)	0(0.00)	1(100.00)	0(0.00)	0(0.00)	0(0.00)	1(14.29)		
	703	0(0.00)	0(0.00)	0(0.00)	0(0.00)	0(0.00)	1(100.00)	0(0.00)	1(14.29)		
	1 613	0(0.00)	0(0.00)	0(0.00)	0(0.00)	1(100.00)	0(0.00)	0(0.00)	1(14.29)		
	2 596	0(0.00)	0(0.00)	0(0.00)	0(0.00)	0(0.00)	0(0.00)	1(100.00)	1(14.29)		
总计		1	1	1	1	1	1	1	7		

（续表）

项目	名称	政府（%）							总计	X^2	P
		426	983	1 029	1 242	3 690	5 247	7 682			
内因	488	1(100.00)	0(0.00)	0(0.00)	0(0.00)	0(0.00)	0(0.00)	0(0.00)	1(14.29)	42	0.227
	564	0(0.00)	1(100.00)	0(0.00)	0(0.00)	0(0.00)	0(0.00)	0(0.00)	1(14.29)		
	706	0(0.00)	0(0.00)	1(100.00)	0(0.00)	0(0.00)	0(0.00)	0(0.00)	1(14.29)		
	988	0(0.00)	0(0.00)	0(0.00)	1(100.00)	0(0.00)	0(0.00)	0(0.00)	1(14.29)		
	1 621	0(0.00)	0(0.00)	0(0.00)	0(0.00)	0(0.00)	1(100.00)	0(0.00)	1(14.29)		
	2 374	0(0.00)	0(0.00)	0(0.00)	0(0.00)	1(100.00)	0(0.00)	0(0.00)	1(14.29)		
	3 271	0(0.00)	0(0.00)	0(0.00)	0(0.00)	0(0.00)	0(0.00)	1(100.00)	1(14.29)		
总计		1	1	1	1	1	1	1	7		

* P<0.05 ** P<0.01

综合上述，科学的量化分析计算可以清楚地发现，政府单位所推行的任何农业政策、组织行为、服务手段、管理办法和调控方针，对农产品市场的繁荣或衰落、农业企业的发展或停滞、农村环境改善的优劣、水资源利用的高低、农民生产生活水平的高低、农业技术应用程度的深浅、农产品质量的高低都会产生影响。

（三）循环农业发展战略

区域优化开发战略：从宁夏实际出发，以绿色发展理念为指导，以产业发展为依托，以结构调整为主线，以技术进步为动力，依照区域特色优势，合理确定循环农业优化开发路径；优化配置区域内生产要素，引导种养加产业集聚和升级；促进城乡、资源与环境、经济与社会、区域建设与对外开放的统筹协调发展，促进农业产业增长方式转变和农村经济增长质量的提高；努力构建功能定位清晰、发展导向明确、发展进程合理、经济发展与人口资源环境相协调的循环农业区域开发新机制。

培育新的增长极战略：立足区域资源优势、综合考虑产业基础、市场条件及生态环境等方面的因素，以生产要素的优化配置为突破口，以种养加循环利用为抓手，采用先进技术、先进设备和先进工艺，实施扶优扶强的非均衡发展战略，培育新的增长极。重点发展枸杞、优质牛羊肉、奶牛、马铃薯、瓜菜五大战略性主导产业，加快发展优质粮食、淡水鱼、葡萄、红枣、牧草、农作物制种六大区域性特色优势产业，继续发展压砂西瓜和中药材等地方性优势特色产业。建设全国最大的枸杞集散市场和最大的优质牛羊肉交易市场，培育国内外知名绿色农产品品牌，全面提升宁夏农业产业的核心竞争力和综合实力。

高质量绿色发展战略：循环经济作为以资源高效利用和循环利用为核心，以低消耗、低排放、高效率为基本特征，以生态产业链为发展载体，以清洁生产为重要手段，实现物质资源的有效利用和经济生态可持续发展的发展方式，发展中需要充分考虑自然生态系统的承载能力，尽可能节约自然资源，不断提高自然资源的利用效率，实现区域资源高效利用。宁夏在发展循环经济时，充分利用科学技术对生态系统的维系和修复能力，维持生态系统的良性循环，实现资源利用的最大化；通过生态链条把工业与农业、生产与消费、城市与郊区、行业与行业有机结合起来，实现可持续生产和消费，逐步建成循环型社会，通过人与自然的和谐共处实现经济生态的可持续发展。

跨越式发展战略：跨越式发展是一种可持续发展方式，要在经济社会发展和资源环境相协调的情况下遵循发展规律，在科技进步的推动下努力实现产业、技术、质量、效益的新跨越。跨越式发展也是一种非均衡的发展，它不是全面、平行的推进，在不同的领域有先有后、有所侧重。根据各地自然生态条件、种植规模、产业化基础、产业化比较优势等基本条件的分析，利用宁夏科技资源优势，优先发展重点地区、重点产业，培育壮大一批强势龙头企业，支持建设原料基地，进行技术改造和新品种开发，延长产业链，与农民建立紧密的利益联结机制。集成重组一批农产品加工企业，使其逐步发展成为大规模、高科技、外向型和辐射带动能力强的骨干龙头企业。整合资源优势，形成特色产品生产的产业化，重点是形成一个协调的、强有力的、有利于特色产业链长足发展的上下游、侧向联系的系列性产业链条。

第四章 宁夏循环农业发展的方向

一、总体思路

以黄河生态保护与高质量发展战略为指引，以循环农业示范区建设为主线，开展循环农业规划、政策顶层设计及配套激励机制创建，实施循环农业的科技创新工程，打造循环农业的载体和示范样板，推进农业结构生态化、农业生产绿色化、沿黄流域清洁化、生态产品优质化“四化”实施，发挥宁夏先行区的示范引领作用，支撑“黄河流域生态保护和高质量发展”先行区建设，助力乡村振兴。

（一）指导思想和原则

以习近平新时代中国特色社会主义思想为指导，深入贯彻党的十九大和中央农村工作会议等精神，特别是习近平总书记视察宁夏的重要讲话精神，牢固树立新发展理念，落实高质量发展要求。坚持农业农村优先发展总方针，以实现农业农村现代化为总目标，以实施乡村振兴战略为总抓手，坚持生态优先、全面协调、绿色循环、可持续发展的原则，以农业投入品减量化、高效化以及农业生产废弃物无害化、资源化为目标，以农业生产源头减量投入、过程资源循环利用和末端生态治理修复为手段，实现政府主导、农企牵头、其他涉农经营主体积极参与，科技支撑、法规政策机制保障，加速推进以循环农业模式为核心的农业高质量绿色发展，助力乡村振兴和脱贫富民，为宁夏农业农村发展提供科技政策支持和解决方案。

先规划后建设：根据宁夏农业产业发展的定位，结合自治区乡村振兴战略、科技园区发展规划等，通盘考虑土地利用、产业布局、生态环境保护和河套农耕文化传承，因地制宜，分类施策，编制多规合一，既有系统性、长效性，又有针对性、实用性的循环农业发展规划。

农业农村优先发展：要依法加强循环农业的管理，牢牢把握循环农业区域化方向，坚持做好“导”的文章，探索“政策、技术、机制”互保共创，建立以绿色生态为导向的农业补贴机制，通过财政倾斜投入，引入国内外先进循环农业模式，带动社会资本积极参与循环农业建设，有序、有效地促进农业环境领域突出问题治理和新问题预防。

坚持粮食主体地位：坚持粮食安全、绿色供给、农民增收协调，粮食安全和现代高效农业有机统一，保障区域粮食安全，增加绿色优质农产品供给，构建绿色发展产业链价值链。以“粮头食尾”和“农头工尾”为目标，抓住粮食核心竞争力延伸粮食产业链，提升价值链，打造供应链，提升质量效益和竞争力，变绿色为效益，促进农民增收，助力脱贫富民，不断提高农业质量效益和竞争力。

树立绿色发展理念：以绿色发展理念为先导，以建立健全循环农业区域发展制度体系（涵盖基准、标准、规范等内容）为基础，统筹推进循环农业技术或模式的标准化、规范化、规模化推广应用，增强农业生态环境保护和农业农村污染治理力度与效果，确保绿色生态产品和生态服务的有效持续供给。以空间优化、资源节约、环境友好、生态稳定、质量安全为方向，把绿色发展导向贯穿农业发展全过程，推动生产生活生态协调发展。

坚持创新驱动原则：全面深化改革，坚持科技投入成果化，成果应用产品化，产品研发产业化。以市场化运作为主，创新市场主体参与建设、循环农业运营管理、企业自主运营与社会监督相结合、种养业废弃物社会化收集和资源化利用、规模养殖粪污的第三方治理与综合利用等机制和模式，推进从种植、养殖、加工 3 个环节建设现代化种养加一体化建设，实现环境保护与效益提升。

坚持以农民主体、市场主导、政府依法监管为基本遵循：既要明确生产经营者的主体责任，又要通过市场引导和政府支持调动广大农民参与绿色发展的积极性，推动实现资源有偿使用、环境保护有责、生态功能改善激励、产品优质优价，加大政府支持和执法监管力度，形成保护有奖、违法必究的导向。

（二）循环农业发展功能

以增加农民收入和美化农业农村环境为核心，围绕优质粮食和草畜、蔬菜、枸杞、葡萄为主的“1+4”特色产业，建立、完善农村产业经营方式，培育壮大经营主体，创新体制机制，加强种养加融合支撑保障，着力构建农业与二、三产业交叉融合的现代产业体系，延伸农业产业链，形成农业农村一体化的发展新格局，走现代农业发展之路。

1. 生态绿色功能

构建立体生态种植与养殖模式，利用间作、套作、轮作等方式，组成作物间的时空结构，趋利避害减灾；利用物种的多样性对有害生物进行综合防治，减少化肥、农药用量，避免重金属污染物等有害物质进入农业生态系统中。

2. 多元服务功能

拓展农业农村的生态功能，提高水旱轮作的区域生态效益。大力发展农产品深加工产业，以生态景观、休闲观光为主导，发展农业衍生服务业，延长产业链，推进以枸杞、酿酒葡萄产业生产观光和加工品评等一、二、三产业融合发展，推进农业对城市的多元服务。

3. 节约集约功能

在农业生产上增加食物链环节，利用物质与能量的多层次转化、秸秆资源的饲料化肥料化、养殖粪污的无害化资源化、枸杞和葡萄枝条的基质化及其残渣的饲料化，使物质循环再生和能量的充分利用，形成节水、节肥、节药等资源节约型循环农业发展模式。

4. 产业提升功能

构建富有区域特色的产业带、产业群，增强产业集聚效应，提升精品粮食、反季节瓜菜、特色枸杞、葡萄、优质畜禽和乳品等产业能级，强化区域特色和优质高效，提高农业绩效，增加农民收入。

5. 示范引领功能

依托东西部合作机制和科研院校优势，引进先进技术，培育和集聚现代农业技术，建设适合不同生态区的循环农业技术，建立覆盖自治区优势特色产业全程的服务体系。加强农业与基层农业技术人员的对接，加强企业、种植大户等经营主体的技术培训。根据地方农业农村发展特点，打造不同生态区循环农业新技术、新成果和新产品推广应用样板区，引领当地农业农村发展。

（三）宁夏循环农业发展目标

到 2025 年，农业绿色发展摆在生态文明建设全局的突出位置，全面建立以绿色生态为导向的制度体系，基本形成与资源环境承载力相匹配、与生产生活生态相协调的农业发展格局。努力实现化肥、农药使用量零增长，提升农业资源利用效率，秸秆、畜禽粪污、农膜综合利用，实现农业可持续发展、农民生活更加富裕、乡村更加美丽宜居。农业供给侧结构性改革取得较大进展，绿色与特色优势充分发挥，鲜明的区域循环主导模式基本形成，生产方式加快转变，投入品减量化、生产清洁化、废弃物资源化、产业模式生态化基本实现，绿色供给能力明显提升，初步形成产业融合发展、资源高效利用、环境持续改善、产品优质安全的循环农业发展格局。示范区秸秆综合利用率达到 90% 以上，规模化畜禽养殖场粪便处理利用率达到 85% 以上，加工废弃物处理利用率达到 70% 以上，测土配方施肥技术覆盖率达到 100%，绿色防控技术覆盖率达到 60% 以上，引黄灌区主要农作物化肥、农药使用量实现零增长，农产品加工转化率达到 55%，农产品质量安全水平和精品农产品占比明显提升。

到 2035 年，循环农业优势彰显，打响绿色生态品牌，建成绿色生态农产品生产加工基地，构建市场潜力大、布局合理、功能完备的循环农业产业体系，绿色发展能力显著增强，农业废弃物全面实现无害化资源化利用，农产品供给更加优质安全，农业生态服务能力进一步提高，走出一条农牧结合、粮饲兼顾、草畜配套、种养循环、产加销一体化发展、资源生态永续利用的循环农业发展之路。依托东西部合作机制和科研院校优势，引进先进技术，培育和集聚循环农业技术，创新区域适宜的循环农业技术 / 模式，健全覆盖自治区优势特色产业全程的服务体系。引导区内外科研院所、高等院校、科技型企业在展示区集中开展优新品种、先进技术、智能装备、发展模式等集成示范，促进科技成果供给与需求有效对接，加快科技成果转移转化，稳步提高农业特色优势产业循环农业创新发展水平。发挥基层农业技术人员作用，加强企业、种植大户等经营主体的技术培训，结合区域特色产业发展实际，建设一批循环农业科技示范展示区。具体如图 4-1 所示。

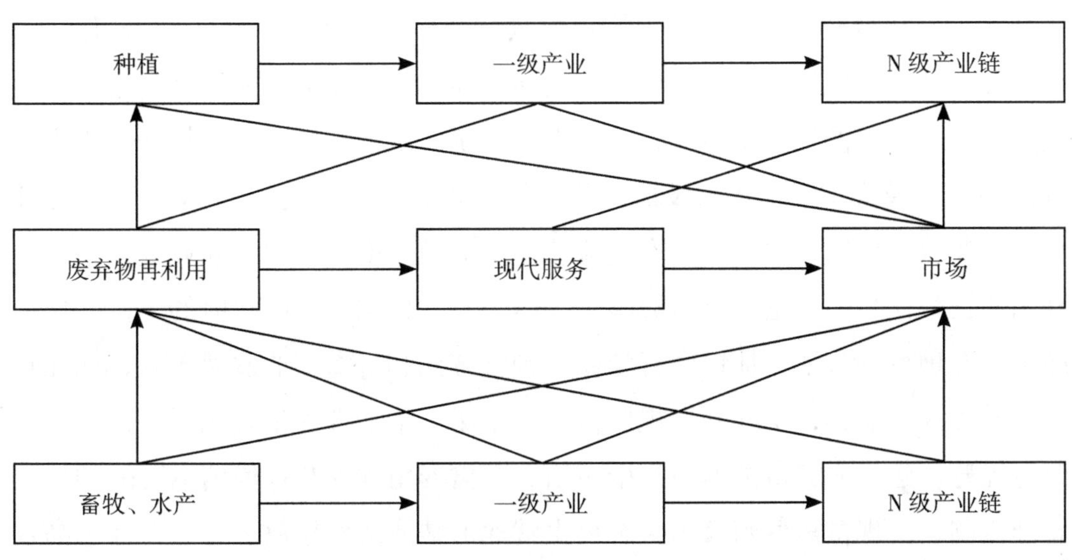

图 4-1　区域生态循环型农业经济体系构架模式

1. 构建循环农业产业体系

根据区域资源禀赋、环境承载能力和产业特点，合理布局种植业和养殖业，形成产业相互融合、物质多级利用的循环农业产业结构。一是建立健全与区域产地环境质量、农业投入品质量、农业产中产后安全控制、作业机器系统与工程设施配备、农产品质量等相关的农业绿色发展环境基准、技术标准、技术规范和政策保障制度体系。二是构建形成一批主要作物种植技术绿色增效、种养加循环、区域低碳循环、田园综合体等农业农村绿色发展模式，如绿色轻简机械化种植、绿色规模化养殖模式等。三是强化区域绿色生产产品和生态功能服务供给，培育优质稻麦、绿色反季节瓜菜、有机枸杞、优质酿酒葡萄、生态畜牧业五大优势主导产业，构建区域绿色循环农业生产体系、经营体系和产业体系，在经营主体、生产片区和区域之间形成“主体小循环、片区中循环、区域大循环”的三级农业生态循环体系，建设资源、产业、生态协同的美丽乡村。

2. 构建农业清洁生产体系

构建与区域资源环境承载力相匹配的新型绿色农作制度、种养一体化产业结构、清洁化种养技术模式、种养加废弃物无害化处理及资源化利用技术、面源污染治理和黄河流域清洁化、农业系统功能提升、人工湿地生态修复等生产体系。一是在清洁种植上，大力推行农牧结合、种养结合、粮经/饲轮作、间作套种、稻蟹共作等农作制，研发并构建功能互补、物流能流循环利用、高效生态增效的种养循环技术模式、病虫害绿色统防统治模式、农作物秸秆收集运输处理技术模式（秸秆还田及能源化、饲料化、基质化模式），购买第三方社会化专业服务机制，建立健全农业清洁技术规模化推广应用和农业废弃物综合利用的长效体系。二是在畜禽健康清洁养殖上，根据自治区政府的“蓝天碧水净土”专项行动方案，加快完善禁养区调整方案和畜禽产业发展布局，加强政策引导和执法监管，全面开展规模畜禽养殖场污染治理和生态化循环再生利用改造提升，建立完善畜禽养殖污染防治、畜禽养殖规模与环境消纳匹配的长效管理机制，实现畜禽养殖粪污生态再生就地消纳或达标排放。三是在绿色高效功能性投入品上，研发推广一批绿色高效的功能性肥料、秸秆饲料化和肥料化新型生态产品、低风险生物农药、化肥农药增效剂、绿色高效饲料添加剂等新型产品，肥料、饲料、农药等投入品的有效利用率显著提高，突破我国农业生产中减量、安全、高效等方面的瓶颈问题。创制一批节能低耗智能机械装备，提升农业生产过程中的信息化、机械化、智能化水平。

3. 构建农业产业链循环体系

以构筑“主体小循环、片区中循环、区域大循环”为重点，科学合理地选择循环农业发展模式。

主体小循环：通过引导新型农业经营主体推进农业废弃物资源化利用，开展农牧结合、种养对接、生态养殖、清洁种植生产等主体小循环的示范模式建设，推广种养一体化模式、“种—沼—养”结合模式、“三改两分”再利用模式、种养结合家庭农场模式、种植业清洁生产模式等，实现主体小循环。基于种养平衡，以种定养，突出种植规模完全原位消纳养殖粪污的种养循环。

片区中循环：在一定区域范围的农业新型经营主体之间实施种养联合，突出种养配套与平衡，实现片区中循环，围绕“一控二减三基本”要求，提高农业废弃物资源化循环利用效率，推广农业废弃物资源化利用联合模式、稻田生态种养模式、化肥农药双控减量模式和生态休闲农业模式等，降低农业面源污染。

区域大循环：以引黄灌区内农业园区、农业企业、乡镇为单位，围绕“一控二减三基本”要求，统筹布局循环农业产业，建立农业废弃物资源化集中处置网，实现区域大循环，突出畜禽粪便资源化集中处置系统建设、秸秆收储体系建设等，推广养殖密集区废弃物集中处理模式、秸秆资源化模式等，实现种养加一体化的零排放。

4. 构建循环农业管理体系

一是研发应用一批土地承载力、产地环境、耕地质量、面源污染和水环境质量等监测评估和预警分析技术模式，完善评价监测技术标准，建立以物联网、信息平台和IC卡技术等为手段的农业资源台账制度，完善农业绿色发展的监测预警机制。二是合理设立监测点，建立农业面源污染监测预警体系，形成覆盖全域的监测网络，科学评估农业生产及投入品对土壤、水体等环境的影响，加强对畜禽规模养殖场等经营主体排污情况的监管，强化农业生态环境保护责任的落实，建立污染负面追究制度，加大对农业生态环境违法行为的查处力度。三是加强对农药、肥料、兽药、饲料及饲料添加剂等农业投入品的质量监测，加快“两品一标”基地建设和产品认证，逐步推行农产品二维码管理，建立健全农产品质量安全监测制度和追溯体系。

二、发展方向与突破

（一）循环农业发展思路

习近平总书记指出，推进农业绿色发展是农业发展观的一场深刻革命，要推动形成同环境资源承载力相匹配、生产生活生态相协调的农业发展格局，农业发展不仅要杜绝生态环境欠新账，而且要逐步还旧账。这些论述深刻指出了农业绿色发展的重要性，要求我们坚持新发展理念，加快农业转型升级，让农业的绿色本色更加清新亮丽，把农业建设成为美丽中国的生态支撑。中央提出了绿色发展理念，以农业供给侧改革为主线，以增绿、创优、提升效益和效率为中心任务，推动藏粮于地、藏粮于技（技指攻克“卡脖子”的技术，就是如何提高单产），实施乡村振兴、质量兴农。宁夏贯彻落实习近平同志来宁夏的重要指示，努力实现“经济繁荣、民族团结、环境优美、人民富裕，确保与全国同步建成全面小康社会”的目标，围绕黄河流域清洁化、农业农村现代化发展目标，立足本地资源禀赋特点，探索以生态优先、绿色发展为导向的高质量发展新路子。确立地域优势和特色的循环农业发展模式，以循环农业为主线，农业农村现代化为目标，坚持高端化（产业高技术、产品高附加值和市场高占有率）、集聚化、融合化、绿色化的方向，推动农业全面升级，建设美丽乡村，农业提质增效。具体如图 4-2 所示。

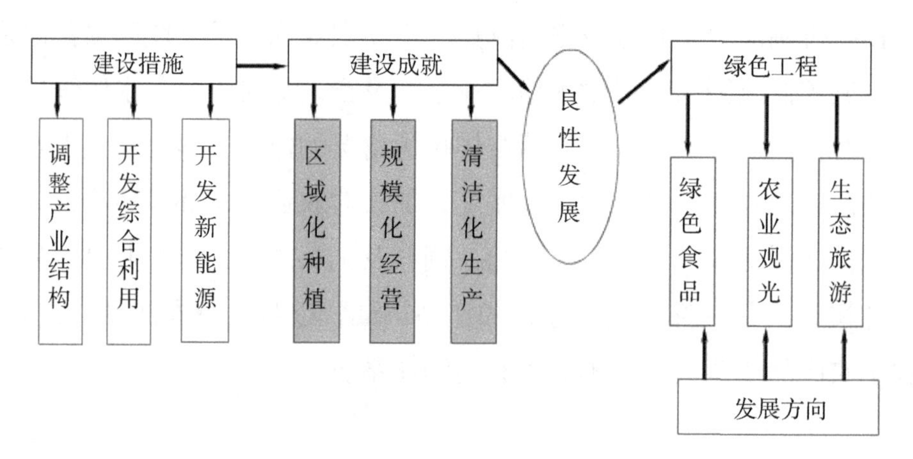

图 4-2　循环农业发展模式

1. 特色农业　绿色品牌

在粮食自给的前提下，建设绿色优质农业生产基地，以优质绿色强品牌、精品产品赢市场。以优质河套小麦和有机水稻产业振兴提供精品粮食产品，以有机枸杞产业发展提供有机健康枸杞产品，以生态绿色酿酒葡萄产业发展提供原产地保护的原料和葡萄酒产品，以反季节和冷凉瓜菜产业发展提供绿色安全农产品，以草畜融合的奶牛生态养殖提供优质乳产品。

（1）开展废弃物资源化生态产品和循环农业农产品绿色认证登记发展计划、循环农业种养加一体化农产品原产地地理标志产品创建等。

（2）以水资源和面源污染控制为约束指标，围绕“小而优”的思路确定种植业生产结构，发展优质粮食生产，水稻和小麦实现区内自给，发展饲用玉米和优质牧草满足区内养殖业的精饲料需求。

（3）建设“河套”特色品牌的宁夏好大米和面粉，主要包括塞北雪小麦粉、青铜峡有机水稻，同时围绕优质原料发展青铜峡葡萄、红寺堡枸杞、利通区瓜菜（含供港蔬菜）等，建设吴忠奶产业以及优质草畜奶业供应基地等。

（4）探索“粮头食尾　农头工尾”的优质粮食精品化发展道路（前段绿色有机生产、优质优价、抓加工提质）、优质特色枸杞和酿酒葡萄发展模式（绿色生产、按质论价、深加工）、优质乳制品优质原料化模式（绿色饲料、健康养殖、合作深加工）。

2. 绿色低碳　清洁流域

落实与区域环境承载力匹配和资源禀赋相适宜的绿色农业发展布局。可持续的农业循环发展模式包含投入品减量化、生产清洁化、废弃物资源化和产业生态化的良好农田实践。

在环境承载力分析的基础上，结合引黄灌区发展规划，基于资源禀赋的优势区域布局（地理划分），开展引黄灌区优势特色绿色农业区域布局规划，形成引黄灌区粮经饲三元种植模式、农牧结合模式、种产加销结合技术模式、多功能农业技术模式。

引黄灌区优势特色产业循环发展模式：一是种植业“节减用”模式，推广应用农田水旱轮作有机水稻模式（减肥控药、秸秆高效收集还田和秸秆饲料化）、增产增效与固碳减排同步技术（生态种植）、枸杞和酿酒葡萄全产业链（生态化栽培减肥控药、酿酒葡萄立体生态化绿色减药种植技术、枸杞生物多样性减药生产技术）模式、瓜菜全产业链模式等。二是养殖业“收转用”模式，推广应用集约规模化奶牛养殖区域化循环发展模式（绿色富硒微生物饲料、集约化废弃物集中高值化开发利用、养殖废弃物肥料化与农田统筹消纳技术、高端乳制品和牛羊肉）和分散农户养殖模式（企业化收集、利用）等。三是种养加“再利用”模式，推广应用不同生态区种养加循环与资源高效利用模式、种养加全产业链模式等，包括高端有机水稻（种植业 + 奶牛 + 粪入水稻 + 稻田蟹）、健康枸杞（种植业和枸杞枝条 + 奶牛 + 粪入田 + 枸杞生态种植 + 加工）、优质酿酒葡萄原料（种植业 + 肉牛 + 秸秆枝条牛粪生产菌菇 + 牛粪菇渣还田 + 酿酒葡萄优质原料）、规模化种养结合模式（鸡—沼—菜 / 果模式、牛—沼—草 / 大田作物模式）、种养结合家庭农场模式（稻—鱼 / 蟹种养模式、牧草—作物—牛羊种养模式等）、循环农业污染物减控与减排固碳。

黄河流域清洁化与绿色生产管控技术：推广应用有机肥替代化肥、典型有机污染化学修复、微生物化学降解、农田有机污染植物—微生物联合修复、地表径流污水净化利用、农田有毒有害污染物高通量识别和防控污染物筛选、典型农业面源污染物钝化降解、农田有机污染物绿色生物及物理联合修复等，开展农业面源污染在线监测及污染负荷评价控制。

农业生产与美丽乡村建设协同融合发展模式：推广应用生活污水再生灌溉和餐厨垃圾处理回用、果草间作复合生态模式、农田田埂生物屏障 / 缓冲带和农田生态沟渠模式等生产生态融合技术。

农业面源污染监控：利用天空地种养生产智能感知、智能分析与管控技术，基于 GIS 的农业农村大数据采集存储与挖掘及智能分析决策管理体系，引黄灌区流域清洁化标准与入黄控制体系、污染物迁移模拟与控制管理技术、农业污染风险评估与动态监测技术、水资源短缺下农村生活用水无害化处理与再生循环利用技术。

3. 循环农业　提质增效

以实现资源循环利用为核心的养殖废水处理等关键技术、装备、工艺的科技创新，循环农业发展绿色处理关键工艺科技创新，废弃物循环产业链延伸增值。

秸秆枝条资源化增值：研发应用全株秸秆菌酶联用发酵技术、秸秆成型饲料调制配方和加工技术、秸秆饲料发酵技术、秸秆食用菌生产技术、秸秆枝条快速处理与饲料化及其对畜禽饲喂的影响，作物秸秆 / 葡萄、枸杞枝条快速腐化及肥料化技术及其对土壤肥力的影响。

秸秆枝条肥料化增值：推广秸秆肥料化高效利用工程化技术及生产工艺、

秸秆机械化还田离田技术，开发秸秆保水型功能肥和碳基肥料产品。

残渣果渣资源化增值：开展精深加工业、加工废渣饲料化和肥料化再生利用、枸杞和葡萄皮渣饲料化技术、奶牛养殖中废弃物高效资源化技术及其盐分处理技术和抗生素/重金属处理技术等研究应用。

养殖废弃物处理利用：开展畜禽养殖污水高效处理技术、规模化畜禽场废弃物堆肥与除臭技术、秸秆—沼气—沼液高效利用技术、畜禽粪污二次污染防控健全利用技术、粪污厌氧干发酵技术、农业废弃物直接发酵技术、粪肥还田及安全利用技术、畜禽养殖废弃物堆肥发酵成套设备推广、家庭农场废弃物异位发酵技术的研究应用。

生物增效技术、设备与产品：发酵微生物（木质素纤维素降解）菌剂、有机肥无害化（盐分和抗生素消除）与资源化、引黄灌区盐碱土壤培肥与障碍性消除技术研发。在设备/工艺方面，重点是快速处理设备。

加工业增值：加工过程中食品的品质与营养保持技术、食品功能因子的高效利用技术、食品绿色加工制造与过敏原控制技术、食品加工副产物高效综合回收利用技术、食品全程清洁化制造关键技术、食品品质与安全快速无损检测技术等关键技术研发。

生产休闲融合：枸杞生产休闲融合、葡萄酒品评观光融合、酿酒葡萄智慧农业构建与应用技术、农村田园综合体建设、绿色庭院建设、农田景观生态工程及生态资源优化配置、山水林田湖草共同体开发与保护技术模式、一二三产业融合发展技术模式。

4. 政策保障　制度创新

建立政策机制：建立保障区域农业绿色发展的标准规范、准入制度、政策管理手段及长效保障机制。创新体制机制，实施循环农业财政引导支持，税收补贴。建立绿色发展技术任务清单制度，建立以绿色指标为核心的评价导向，把资源消耗、环境损害、生态效益等体现绿色发展的指标纳入评价体系，建立以绿色为导向的农业发展评价机制。

建立标准准入：研究制定绿色发展技术风险评估办法和市场准入标准，对绿色发展技术成果以及应用前景和存在的风险进行鉴定评价，提出市场准入要求，对生产经营行为提出相应规范。包括农业资源核算与生态功能评估技术标准与农业生态保护补偿标准体系、农业投入品质量安全技术标准及风险评估技术规范、农业绿色生产技术标准与污染物全过程削减管控技术规范、农产品质量安全评价与检测技术标准、农业资源与产地环境技术标准。负面清单、标准、规范、质量、品牌五位一体（以农业产业准入负面清单制度，禁止和限制非绿色的农业生产与管理，强化准入管理和底线约束；以标准规范提升质量，以质量铸就品牌，以品牌占领和拓展市场）。

实行财政奖补：加强产业政策、财政政策和金融政策的衔接和联动，支持家庭农场、农民合作社、农业产业化龙头企业等新型经营主体开展绿色技术推广应用，实现标准化绿色化品牌化生产。以绿色发展为导向，建立财税、信贷担保等奖励制度，鼓励企业、新型经营主体、农民等生产经营者使用高效、安全、低碳、循环的科技成果。加大 PPP 在农业绿色发展领域的推广应用，以企业为主体，吸引金融机构、风险投资、社会团体等资本，构建市场化的科技服务和技术交易体系，拓展多元化科技成果转化渠道，建立健全绿色农业科技成果转化交易优惠政策和制度，发展壮大循环农业绿色产业。

提升科技支撑：坚持农业农村优先发展，通过重大科技突破与产业示范，不断加大农业绿色技术体系的创新支持力度，加快形成循环农业绿色生产技术与模式的系统解决方案。建立农业基础性长期性科研观测监测网络，创新稳定支持模式和评价考核激励机制，开展农业生物资源、水土质量、产地环境、生态功能等基础数据的系统观测和监测，补齐科学积累不足的短板。

建设人才团队：大力推进农业科技成果权益改革，探索农技人员通过提供增值服务获取合理报酬的新机制，探索对使用绿色发展新技术的激励机制，建立以调动积极性为导向的研推用主体激励机制。依托“一主多元”的农技推广体系，通过创新完善农技人员提供增值服务的合理取酬机制，通过农技推广服务特聘计划等鼓励、支持基层农技推广人员大力推广循环农业技术。

开展效果评价：根植绿色发展理念的循环农业模式评价指标体系，开展技术生态评估、市场准入和第三方修复治理与效果评估标准研究，开展污染监测与绿色生产评价，为技术推广提供依据。

（二）宁夏循环农业发展路径

循环农业发展要做好“一个定位”，就是要面向区域循环经济发展的重大需求，以集成化、产品化、标准化、智能化为目标增强服务发展能力。积极推进“两个结合”，充分依托科研院校的科技优势和创新力量，推动循环农业科研方向与地方经济相结合、循环农业科研成果与地方产业相结合。着力强化“三大突破”，要瞄准地方党委政府关注的乡村振兴、关系农民主体地位的民生、保障粮食供给平衡和农产品安全、农业农村脱贫富民等重大问题、“牛鼻子”问题和“卡脖子”问题，突破循环农业发展瓶颈、突破科研与市场脱节的制约、突破科技成果零碎化的短板。助力实现“四个提升”，围绕农业农村高质量绿色发展，提升当地农业产业循环利用和农业质量、提升循环农业成果转化效益、提升循环农业的实用性和针对性、提升农业产业与农村生态环境的融合。聚焦凝练“五个重点培育方向”，把握地方经济社会中长期发展的重大科技问题，解决面源污染与黄河流域清洁化、宁夏循环农业与高质量绿色发展、农业优势特色产业提质增效、农业农村融合与美丽乡村、农村经营者主体培训与素质提升五大难题。围绕引黄灌区循环农业产业布局、技术体系和保障体系的构建，以黄河生态保护与高质量发展战略为指引，以循环农业示范区建设为主线，开展循环农业规划、政策顶层设计及配套激励机制创建，实施循环农业的科技创新工程，打造循环农业的载体和示范样板，以“两个优先，五个一”实施为抓手，即节水减污优先、废弃物利用优先，一张图（布局）——适水农业结构、承载力；一张表（标准）——投入品、产地环境、市场准入、质量标准；一张网（科技）——核心关键技术创新、实用技术推广应用；一条链（加工）——“精而专”深加工、带动产业链升级；一纸文（政策）——包容性增长、生态补偿等，打造“1+4”全产业链高质量绿色发展先行区（优质粮食产业化，奶牛、肉牛、滩羊种养一体化，枸杞、酿酒葡萄优质绿色化示范），解决循环农业的创新发展模式和体制机制（政策支持、循环农业模式），破解农业产业与生态环境的矛盾、解决黄河流域环境问题（废弃物资源化、系统零排放、绿色生产体系），提升农业产业性价比和品牌效益（精品粮食、优质枸杞和葡萄），做优做精，突破生态环境与产业发展的协调性（农业与黄河流域清洁化，生产产业乡村融合美化），实现农业资源利用节约化、生产过程清洁化、产业链条生态化、废弃物利用资源化，发挥宁夏先行区的示范引领作用，支撑“黄河流域生态保护和高质量发展”先行区建设，助力乡村振兴。具体如图 4-3 所示。

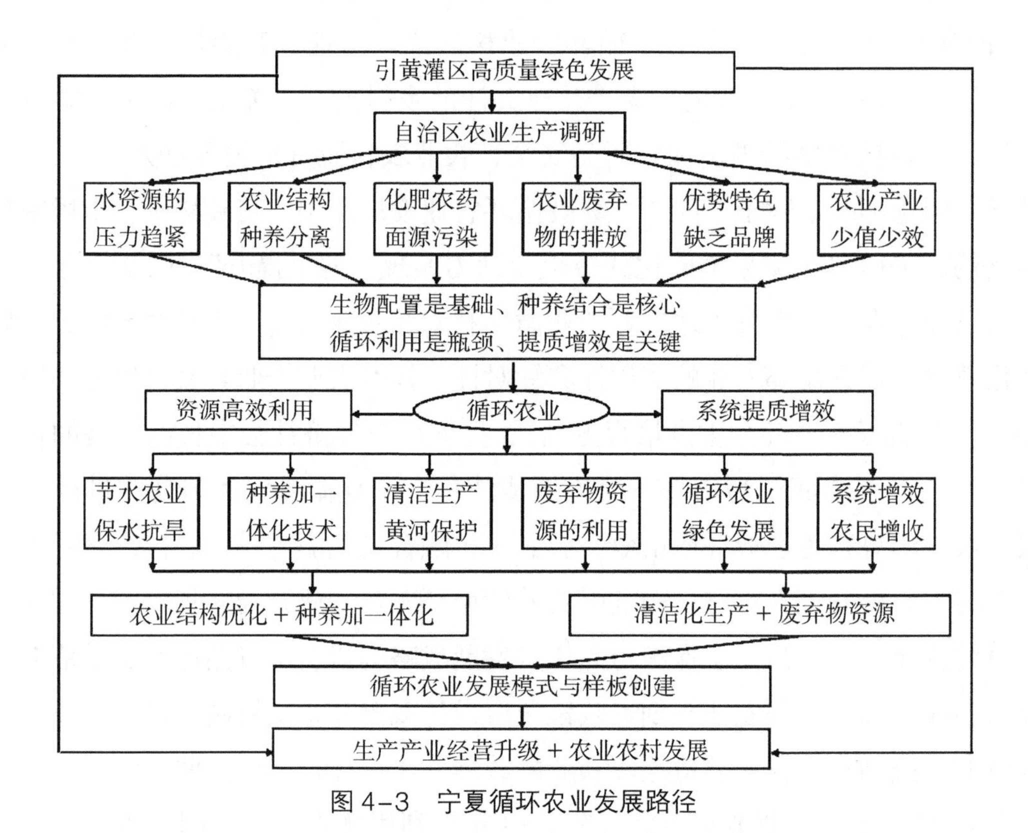

图 4-3　宁夏循环农业发展路径

1. 以循环农业促进现代生态农业发展

以创新、协调、绿色、开放、共享的发展理念为指导，以市场需求为导向，以提高质量效益为核心，以“减量、清洁、循环”和提高农业资源利用率为主线，以推进多种形式的循环农业模式和技术集成应用为重点，促进农业供给侧结构性改革，坚持政府引导、市场主体、示范带动，实行点、线、面统筹布局，大力发展循环农业，着力推进农业资源利用集约化、生产清洁化、产业生态化、废弃物资源化，走产出高效、产品安全、资源节约、环境友好的现代农业发展道路。形成“系统内部小循环、产业链接中循环、片区经济大循环”

的三级生态农业循环体系，立足地区资源禀赋，坚持保护环境优先，因地制宜地选择有资源优势的特色产业，推行绿色生产方式，大力发展绿色、有机和地理标志的优质特色农产品，支持创建区域品牌，推进一二三产业融合发展，加快构建“功能布局合理、资源利用节约、物能循环高效、农村环境良好”的循环农业发展模式。

2. 以完善的政策机制保证循环农业发展

一是建设现代农业政策保障体系。健全现代生态农业政策保险和风险保障机制，出台一系列的机制、体系和制度，建立工业和城镇污染向农业转移的防控机制、完善农业生态补贴制度、健全农业投入品减量使用制度等，完善绿色农产品市场体系。二是推行循环农业标准化生产。建立以市场为导向完整统一的循环农业标准化体系，加强标准示范推广和使用指导，鼓励企业采用循环农业国际标准、国家标准、地方标准以及建立质量安全内控制度，开展农产品质量安全全程控制基地创建示范，通过“公司 + 农户”“合作社 + 农户”等多种方式带动千家万户走上标准化生产的轨道，减少化肥、农药、农膜等投入，促进循环生态农业健康发展和经济、生态、社会效益的多赢。三是建立农业绿色循环低碳生产制度。探索区域农业循环利用机制，实施粮经饲统筹、种养加结合、农林牧渔融合循环发展，建立低碳、低耗、循环、高效的种养加生产与流通体系。以土地消纳粪污能力确定养殖规模，科学合理地划定禁养区，引导畜牧业生产向环境容量大的地区转移。四是健全农业投入品减量使用制度和保护机制。实施化肥农药使用量零增长行动，推广有机肥替代化肥、测土配方施肥，强化病虫害统防统治和全程绿色防控，完善农药风险评估技术标准体系，加快实施高剧毒农药替代计划。五是完善秸秆和畜禽粪污等资源化利用制度。严格依法落实秸秆禁烧制度，推进秸秆全量化综合利用，优先开展就地还田。以农用有机肥和农村能源为主要利用方向，强化畜禽粪污资源化利用，依法落实规模养殖环境评价准入制度，积极保障秸秆和畜禽粪污资源化利用用地。六是完善社会化农业服务体系。构建多层次的技术、信息、流通、金融、食品安全和农民培训等全方位农业服务体系，加强农产品市场流通与信息服务体系建设，进一步完善信息收集、整理、发布制度，积极发展社会化服务体系和农民自我服务组织。七是加强循环农业过程监管。建立循环农业投入品电子追溯制度，严格农业投入品生产和使用管理，支持低消耗、低残留、低污染农业投入品生产，制定农田污染控制标准，建立监测体系，严格工业和城镇污染物处理和达标排放，强化经常性执法监管制度建设。

3. 以绿色理念提高农业可持续发展能力

一是坚持市场需求导向，扎实推进农业供给侧结构性改革，开展特色优势产业绿色生产方式改造，建链、延链、补链、强链，全环节升级、全链条循环、全要素创新，加快构建循环农业产业体系。二是在农业主体功能与空间布局上，围绕解决资源错配和供给错位的结构性矛盾，落实农业功能区制度，建立农业生产力布局、农业资源环境保护利用管控、农业绿色循环低碳生产等制度和贫困地区农业绿色开发机制。三是遵循生态系统整体性、生物多样性规律，合理确定种养规模，建设/完善生物缓冲带、防护林网、灌溉渠系等田间基础设施，恢复田间生物群落和生态链，实现农田生态循环和稳定。四是在资源保护与节约利用上，推广绿色技术，实现多级循环利用和可持续发展，提升循环发展水平，建立种养加相结合、节约高效农业用水等制度，健全农业生物资源保护与利用体系，建立工业城镇污染向农业转移的防控机制。五是优化乡村种植、养殖、居住等功能布局，拓展农业多种功能，打造种养结合、生态循环、环境优美的田园生态系统。

4. 以科技成果推动循环农业发展

加强科研攻关，加快绿色科技成果的引进，寻找和筛选优良的农业科技成果，结合当地实际情况选用适合当地发展的科技成果，完善农业技术推广体制加快科技成果的推广转化，加强农民的职业教育和技术培训，提升从业人员的综合素质和技能，调动农民和农村基层干部对科技成果转化的积极性，积极推广、应用适合主要生态区循环农业发展的模式。一是种养业内部优化配置的循环农业模式。在种植业或养殖业内部，通过利用生态系统中各种生物物种的特点，实行立体混套种养，构建有机循环生产系统，推进有机种植和生态健康养殖。二是种养结合的循环农业模式。大力发展农牧、农渔结合互利模式，将农作物秸秆、牧草、玉米等作为畜禽饲料，畜禽粪便作为农作物有机肥，实现种植业和畜牧业废弃物相互利用。三是一二三产业深度融合的循环农业模式。实施农业“接二连三”工程，以农产品生产为基础，大力发展以农产品加工为主的第二产业，推进以农业生产观光、农产品品鉴和休闲农业、乡村旅游融合发展为主的第三产业，构建“生产＋加工＋生活＋观光”产业链和“公司＋合作社＋农户”组织链，形成一二三产业深度融合的农业经济大循环。

（三）区域模式与布局

以带动区域特色优势产业循环利用发展为目标，开展“最优品种、最佳品质、最高效益、最新模式”的循环农业经营模式创建，借助县域农村创新创业、科技特派员孵化、科技成果转化和农业科技综合服务载体，打造可复制、可推广的多样化循环农业科技示范样板，引领基层循环农业科技创新。推广区域化多类型的循环农业发展模式。一是种养业内部有机组合模式。在种植业或养殖业内部，实行立体混套种养，发展生态种植和健康养殖模式；充分利用作物秸秆、农业废弃物等，大力推广食用菌循环生产；推广有机肥生产、绿色植保、净水灌溉式的生态有机种植业，生产有机大米、有机蔬菜等。二是种养结合模式。大力发展农牧结合互利模式，构建“青饲料—畜禽粪便—沼气工程—沼渣、沼液—粮（菜、果）”“畜禽粪便—有机肥—粮（菜、果）”产业链，推动循环农业发展。三是一二三产业融合模式。以农产品生产为基础，大力发展以农产品加工为主的第二产业，以休闲农业、乡村旅游、产品品鉴为主的第三产业，构建“产＋加＋销＋游”产业链、“公司＋合作社＋农户”组织链，推进一二三产业深度融合发展。

吴忠利通设施蔬菜循环农业：如图 4-4 所示，以吴忠市利通区设施蔬菜为核心，主攻肉牛养殖和经济作物的种养结合循环农业、设施园艺、设施果菜观光产业发展，提升种植业生产机械化、信息化、智能化水平，推动产业链向中高端攀升，引领利通区现代绿洲高效节水农业和农业系统内部循环农业发展。

永宁贺兰山东麓酿酒葡萄循环农业：如图 4-5 所示，发挥园区地处银川市的区位优势，主攻贺兰山东麓酿酒葡萄产业和闽宁镇循环农业创新发展，打造高端肉牛养殖、牛粪育菇、菇渣和有机肥生产有机葡萄的循环链。集聚技术研发、信息服务、科普培训、葡萄酒博览会展等资源，重点培育一批集生产、加工、观光于一体的全产业链现代葡萄酒企业和工厂化菇菌生产企业，引领永宁县园区近郊循环农业发展。

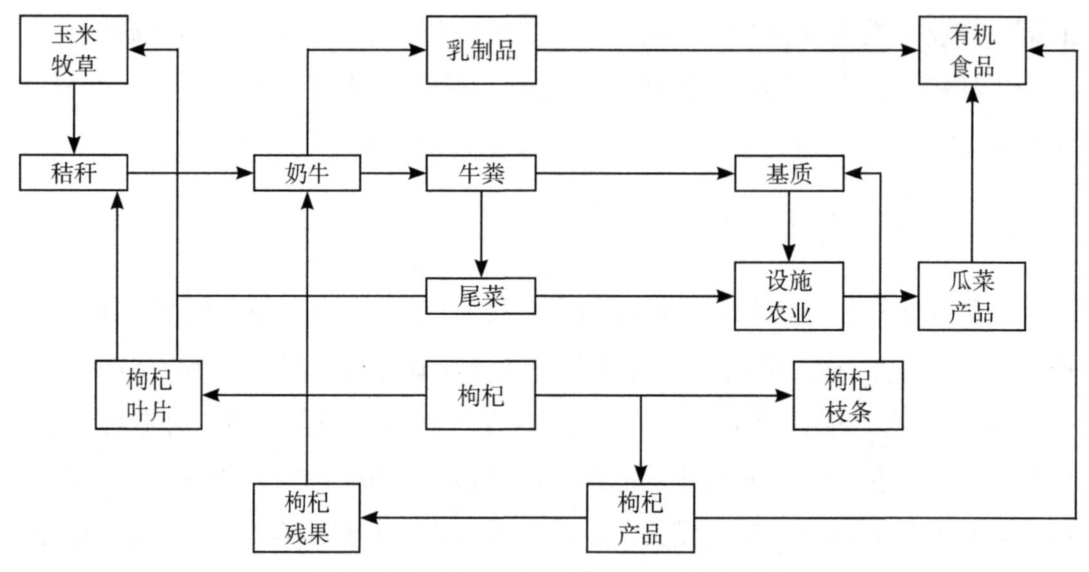

图 4-4　吴忠利通设施蔬菜循环农业模式

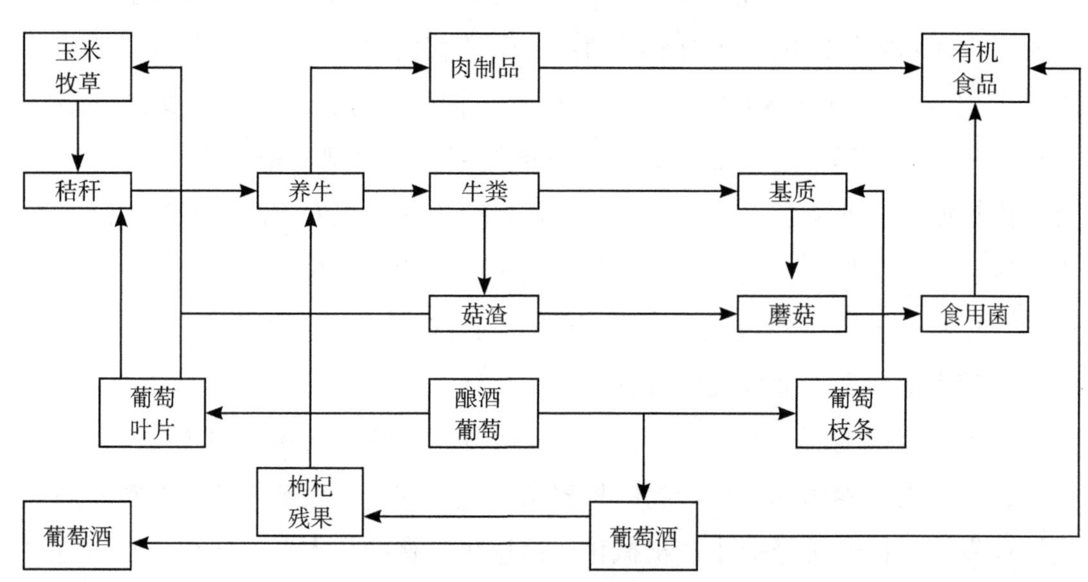

图 4-5　永宁贺兰山东麓酿酒葡萄循环农业模式

青铜峡有机水稻循环农业：如图 4-6 所示，发挥产城一体化带动一二三产业融合发展的优势，主攻精品粮食生产与有机农业融合的循环农业创新发展，集聚品种、技术、栽培、管理等科技资源，重点培育一批有机肥替代化肥、清洁化生产和有机农产品品牌为一体的精品粮食型循环农业企业，引领青铜峡现代粮食发展。

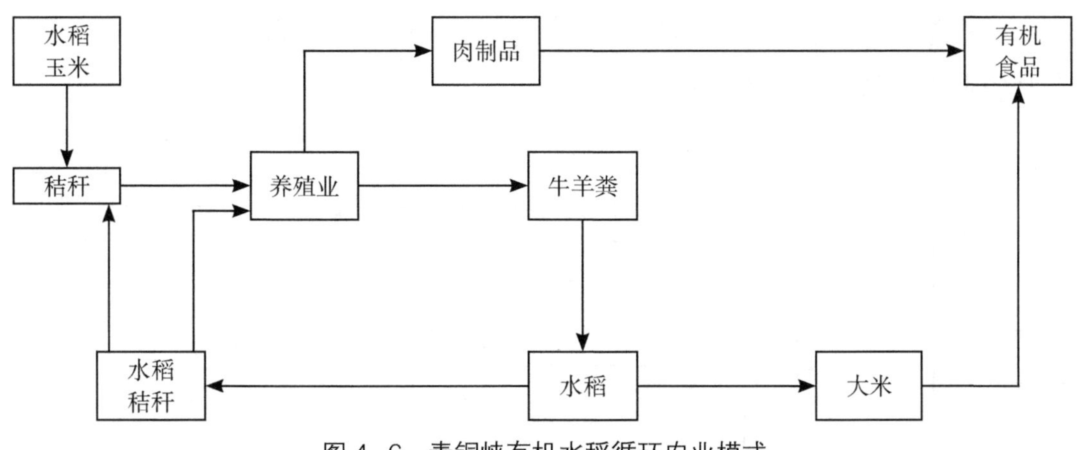

图 4-6 青铜峡有机水稻循环农业模式

孙家滩农牧结合循环农业：如图 4-7 所示，以创建现代生态农业科技创新示范区为目标，聚集绿色生态经济创新资源，主攻冷凉蔬菜、奶牛、枸杞产业创新发展。突出科技扶贫与循环利用绿色发展融合，引领孙家滩生态农业发展。

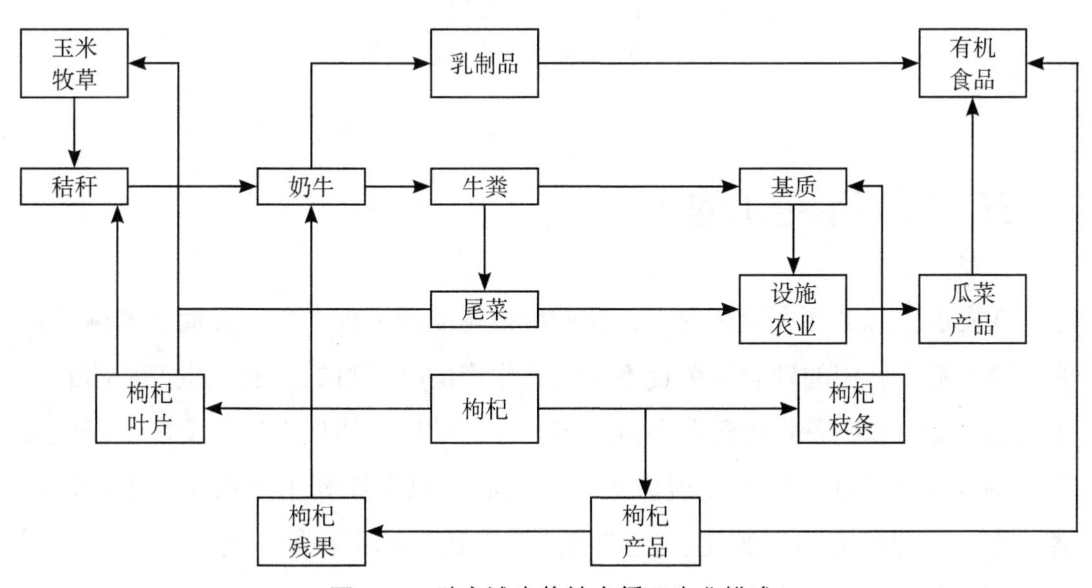

图 4-7 孙家滩农牧结合循环农业模式

中宁枸杞产业循环农业：如图 4-8 所示，以促进农业特优名品之乡创新发展为目标，聚集大健康产业创新资源，发挥富硒、绿色、道地品牌优势，主攻优质枸杞产业升级发展，在核心区建立枸杞产业科技创新园，培育一批枸杞生产与枸杞产业园旅游观光开发全产业链一体化经营的高新技术企业，引领中宁县农业农村特色产业的发展。

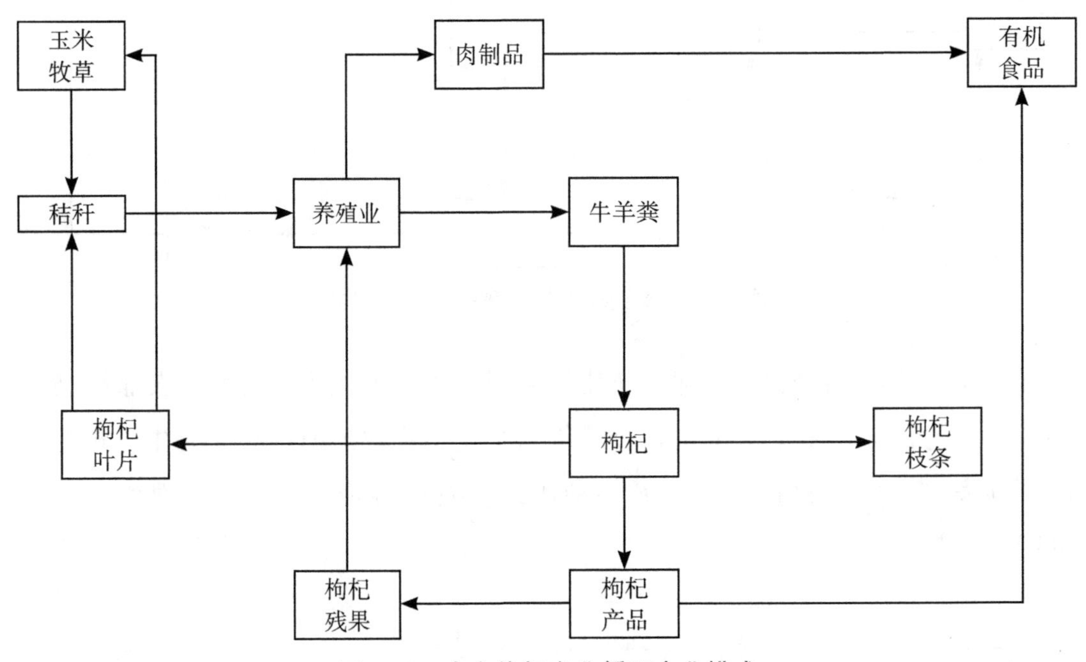

图 4-8 中宁枸杞产业循环农业模式

三、良好示范工程

在发展现代循环农业过程中，我们应该树立两个理念。一方面，要树立农业废弃物综合利用的理念。粮食不是农业生产的唯一目的，农业生产还附有农业生态功能、农村景观构建等多重、多元服务功能，体现人口、资源、环境相互协调发展的农业与农村发展方式，其核心是以资源利用节约化、生产过程清洁化、农业废弃物资源化、生产生活无害化为基本特征，通过“资源—产品—废弃物—再生资源”的物流循环和能量循环方式，实现生态保护与农业可持续发展的良性循环。另一方面，要树立生态优先，绿色发展的理念，坚持“第一产业利用生态、第二产业服从生态、第三产业保护生态”。通过生产方式、生活方式和农业新形态［即不同农产品（服务）、农业经营方式和农业经营组织形式］等一系列制度变革，使之符合循环农业发展规律的要求，并为之提供制度保障。

宁夏循环农业应该加强两个方面的认识：一方面，要坚持“一特三高”的现代农业发展方向，积极发展多种形式的农业适度规模经营，大力发展特色农业、绿色农业和品牌农业，加强优质粮食、草畜、蔬菜、枸杞、葡萄等特色优势产业和特色农产品加工转化，延长产业链，加快构建现代农业产业体系和经营体系，确保农民持续增收。另一方面，还要坚持以资源环境永续利用为前提，促进粮经饲统筹、农林牧渔结合、种养加一体、一二三产业融合，“三型”农业（资源节约型、环境友好型和生态保育型）健康发展，推进美丽乡村建设，走产出高效、产品安全、资源节约、环境友好的现代农业发展道路。

（一）循环农业重点工程

以习近平新时代中国特色社会主义思想为指导，全面贯彻落实党的十九大精神，坚持绿水青山就是金山银山的理念，坚持节约优先、保护优先、自然恢复为主的方针，以支撑引领农业绿色发展为主线，以绿色投入品、节本增效技术、生态循环模式、绿色标准规范为主攻方向，全面构建高效、安全、低碳、循环、智能、集成的循环农业技术体系，推动农业农村实现从注重数量为主向数量质量效益并重转变、从注重生产功能为主向生产生态功能并重转变、从注重单要素生产率提高为主向全要素生产率提高为主转变的 3 个转变。同时，紧盯重点环节和关键领域，实施农业绿色发展行动，点面结合、增强农业可持续发展能力，提高农业发展的质量效益和竞争力，按照“重点研发一批、集成示范一批，推广应用一批”的思路，通过开展绿色技术创新和示范推广，着力推动形成绿色生产方式和生活方式，着力加强绿色优质农产品和生态产品供给，着力提升农业绿色发展的质量效益和竞争力，推进宁夏乡村振兴战略和实现农业农村现代化的发展。

1. 建立完善循环农业相关规范标准

生产标准：制定种养加生产（养殖业、种植业、加工业等）的标准、废弃物资源化标准（秸秆枝条基质化饲料化标准、养殖业无害化资源化标准、废弃物资源化生态产品、有机肥绿色生产标准、农产品高质量绿色、有机农产品生产标准等），循环农业产业标准（农村生活污水再生循环利用标准、沼液废水标准、农业清洁生产标准、循环农业全程管理标准等）。

监管制度：针对农业资源和生态环境突出问题，建立农业产业准入负面清单制度，强制性种养规模和设备匹配，明确种养发展规模和底线约束等农业资源环境管控制度。

政策入法：推进农业绿色发展实践行动补贴支持政策立法化、规章化、条例化。建立标准准入（种养加原位消纳、种植业化肥农药管控与秸秆处理配套、养殖业粪污就地利用、奶牛固液分离与就地转化利用）、标准强制执行制度。

2. 建立完善循环农业相关制度

农业布局：基于灌区功能定位，优质粮食生产带、特色瓜果带、草畜结合优质奶源生产带完善种养生产布局，创建种养一体化样板区。

过程认证：对标循环农业绿色、有机和地理标志农产品认证，提倡农业绿色循环低碳生产制度（强化水旱轮作节水生产制度、禁/限高耗水种养制度、鼓励低碳低耗循环高效加工产业及服务制度），实现循环农业生产过程中的全程控制、监管与追溯。

监管评估：完善农产品网络监测（智慧农业），建立农产品原产地可追溯制度和质量标识监管、绿色农产品准入监管、绿色农产品增值监管。建立特色优势农业产业发展与美丽乡村建设融合的绿色开发机制、绿色循环农业后评估制度。

3. 构建以绿色生态为导向的支持

绿箱支持：加大对绿色农业技术研发、推广及生态环境保护实践/行动/效果的财政支持，包括加大绿色投入品补贴（有机肥）、技术推广（实践行动）补贴、生态补偿（流域间、断面间）、生态产品奖励（沼气、生物质能源、资源化产品、微生物调理剂、生物基质、生活污泥）。以环保效果考核目标的奖促政策，实施动态化奖惩补贴，用好先建后补、以奖代补，以奖促治、效果激励或奖励。各部门通力协作，污染治理资金前移到源头控制。

支持导向：政府资金应该补短板强弱势，主要投向设备投资大、产品市场弱的环节，引导基金和前期扶持政策，引导民间资本介入废弃物生态化产品和有机肥等高值化产品。抓好集中处理集约化生产与合作社中小企业两类经营主体的发展，技术、土地、生产等要素在城乡间双向流动和平等交换，引入市场多元化补偿机制，激活内生动力，种养加合作共赢。

社会服务：引导和鼓励第三方购买服务 / 社会化服务、社会资本投入和市场多元化生态补偿支持政策。创新投入方式，引导和鼓励各类社会资本投入循环农业设备、设施和产品研发。

科技研发与服务体系建设：通过东西部合作引进先进的关键技术（尤其是针对木质素快速发酵降解、快速处理设备等），进行技术推广（实践行动），推动农业服务体系化。抓好基层农技人员的培训，通过二传手助推循环农业模式和技术落地。

（二）循环农业科技示范工程

结合自治区科技工作实施的“三大计划（农业科技攻关计划、创新主体培育计划、成果转化示范计划）”和“六大工程（智慧农业引领工程、创新能力提升工程、开放合作借力工程、品牌建设支撑工程、农村双创示范工程、绿色发展创新工程）”的实施，加快构建“政府主导、企业主体、产学研深度融合的技术创新体系”。聚焦农业农村转型发展科技需求，围绕“1+4”特色优势产业，积极推进农科教、产学研协同创新，开展制约循环农业发展中的关键性技术难点试验研究，开展引进消化吸收再创新、实用技术创新和创新成果转化应用，提高农业科技创新总体水平。优先开展循环农业发展标准体系与评价构架、种养加一体化与流域清洁化、贺兰山东麓循环农业与农业农村协调模式、盐碱地土地系统绿色发展与提质增效 4 个重点方向。

1. 循环农业标准和评价指标

循环农业发展路径选择分析：根据自治区的不同生态区特点、农业农村经济社会状况、种养加产业发展优势，选择宁夏循环农业发展的技术路径。

循环农业相关标准体系建设：包括种植业中秸秆枝条基质化饲料化标准、养殖业无害化资源化标准、有机肥绿色生产标准、农产品高质量绿色、有机食品及地理标志农产品生产标准、农村生活污水再生循环利用标准、宁夏农业清洁生产标准、宁夏生态绿色农业标准等。

建立循环农业效应评价体系：针对现代循环农业从经济效益、生产方式、生态形式3个方面构建评价指标体系。

2. 引黄灌区优势特色产业循环农业模式

种养结合的循环农业：开展奶产业发展中优质饲料、高效循环、粪污资源化利用、种养结合一体化经营的研究示范，建立起集约化奶牛养殖区域化循环发展模式。

枸杞产业生态循环模式：围绕枸杞产业中枸杞生物多样性减药生产技术、有机肥替代、枸杞产品质量控制、枸杞生产危害分析与关键控制体系（HACCP）、枸杞绿色生产等试验研究，建立枸杞绿色生产技术，提升传统基地的综合生产能力。

酿酒葡萄循环发展模式：在贺兰山东麓产区，开展酿酒葡萄立体生态化绿色减药种植技术、土壤培肥和树体培育、葡萄酒质量检验检测，建立酿酒葡萄绿色生产技术。

蔬菜产业循环农业模式：结合蔬菜产业提质增效工程，研究推广秸秆生物反应堆技术、精准水肥一体化技术，推进瓜菜品质提升和品牌创建，推动蔬菜产业提档升级。

3. 黄河流域清洁化与绿色生产技术

面源污染规律与阻控：黄河流域宁夏段不同断面污染物特点、面源污染的来源、迁移路径与动态化运动模拟，有机肥替代技术、病虫害早期预防与生物防控技术。

化肥农药减施增效：基于化肥施用限量标准的化肥减量增效技术、化学农药协同增效绿色技术、复合肥和农药靶向精准控释技术、农作物最佳养分管理技术、水肥一体化精量调控技术、有机养分替代化肥技术等。

农村生活水再生利用：水资源短缺下农业废水资源处理与再生循环利用技术。开发、利用再生水，实现资源利用、污染减排和环境改善相结合，是化解宁夏水资源紧缺和水环境污染两大难题较经济有效的措施，也是有效解决发展需求与水资源约束之间的矛盾、促进水资源的可持续利用的重要途径。

污染检测与监管：基于GIS的引黄河小流域清洁化标准与入黄河控制体系、污染物迁移模拟与控制管理技术、农业污染风险评估与动态监测技术，集成循环农业信息资源，构建宁夏循环农业数字中心，建立农村污染信息预警发布系统、农村生态环境适宜度评价、农业污染灾害损失评估、风险评估和灾害防御专家决策等系统。

循环农业高效生产：区域农田养分循环利用技术、农田污染物减投及阻控技术、农业光热资源周年优化配置技术、农业废弃物能源化转化利用技术等。

4. 农业生产与美丽乡村协同融合发展模式

生产生活融合：分析水稻、小麦和玉米等作为农村观光资源的生态功能性，根据河套农业区气候环境特点和作物生物学差异，研究区域稻麦玉米生物资源时空配置、生态功能和景观效应模式。

特色产业生产休闲融合：分析枸杞和酿酒葡萄作为农村观赏资源的生态功能性，根据不同生态区、产业布局和作物生物学差异，建立观光休闲的枸杞酿酒葡萄和配套多样化生物物种结构配置、生态功能、景观效应有机统一的模式，结合枸杞保健品品尝、葡萄酒品评观光融合建设生产休闲融合发展模式。

农业生产生态功能互补：根据引黄灌区生态需求，建立农业生产与生态功能互补模式，生态用水与农田生态功能增效融合。

5. 循环农业生物增效与产品研发模式

高效微生物菌剂：进一步明确芽孢杆菌等菌种的特性，建立芽孢杆菌等菌种资源和发酵微生物（木质素纤维素降解）菌剂，筛选具有潜在开发价值的各类微生物菌株，采用诱变或细胞技术选育出高效发酵菌株，完成菌株的发酵营养组分与条件优化及制剂配方研究，构建高效的产业化工程菌株及其组合，选育高效增产菌株与条件化控制参数及产业化中试工艺包。

废弃物饲料化：筛选高效降解纤维酶（菌）和微生物菌株，开展酶制剂、微生物制剂、复合微生物等发酵饲草和菌渣生产蛋白质饲料研究，充分利用当地果渣、马铃薯淀粉渣等农业废弃资源，开发出安全可靠、功能性强的生物饲料完整的系列配方，建立起适合不同生态条件的饲草青贮、微贮技术，促进秸秆等饲草和菌渣等资源的饲料转化高效利用。

废弃物肥料化：优选除臭、耐高温蛋白酶/纤维酶高产菌株，优组形成改良强化型高效堆肥腐熟菌剂，解决宁夏堆肥生产中的低温腐熟速度慢、产品附加值较低以及堆肥环境恶臭等关键难题，进一步优化二次发酵工艺，研究功能性有机肥料产品和高值高效型全营养微生物肥料产品工艺包。开展作物秸秆葡萄枸杞枝条快速腐化及资源化培肥地力、不同生态区种养加循环与资源高效利用模式、枸杞和葡萄皮渣饲料化技术研究示范，提高种植业废弃物的资源化利用水平。

处理技术与设备：重点是快速处理设备、有机肥无害化（盐分和抗生素消除）设备。

（三）循环农业良好农业示范工程

综合考虑各地自然资源条件、种养结构特点以及环境承载能力等因素，按照因地制宜、分类指导、突出重点的思路，在种养平衡分析的基础上，通过“优结构、促利用”的工程化手段，推进种养加一体化，以及畜禽粪便、农作物秸秆等种养业废弃物的资源化利用，工程化生产有机肥、饲料等产品，鼓励参与市场大循环，实现工程效益的提升。一是要优化结构。分别从种植、养殖、加工 3 个环节进行配套提升，构建种养加一体化基地，优化养殖环境、促进废弃物集中高效处理，并就近消纳养殖废弃物。二是要促利用。在秸秆综合利用方面，通过采取适宜区域秸秆种类的能源化、饲料化、基料化等技术途径，建设秸秆青（黄）贮、秸秆加工商品化基质等工程，构建秸秆收储运体系，有效解决现有秸秆利用能力不足的问题。在畜禽粪便综合利用方面，通过肥料化、能源化等技术途径，建设沼渣、沼液还田利用工程、有机肥深加工工程等，实现畜禽粪污的无害化处理与资源化利用。

1. 孙家滩奶牛蔬菜（饲草玉米 + 奶牛 + 瓜菜）

孙家滩奶牛蔬菜工程采取“政府引导、市场主导、多方参与”的工作机制，逐步建立“种植业（节水型玉米和苜蓿）—奶牛—沼（有机肥 / 沼渣沼液）—作物（果菜、粮）”种养循环农业模式。推动养殖场（屠宰场）标准化建设，重点配套建设粪污处理基础设施，建设区域性废弃物无害化处理中心，配备相应收集、运输、暂存设施设备。一方面针对大型奶牛养殖场或养殖密集区由第三方组建养殖粪便综合利用公司，开展畜禽粪污收集—运输—储存—加工—施用“一条龙”专业化服务；另一方面固体粪便采用“粪车转运—机械搅拌—堆制腐熟—粉碎—有机肥”的处理工艺，对沼渣沼液采用“吸粪车收集转运—固液分离—高效生物处理—肥水储存—农田利用”的处理工艺。

同时，推动种养一体就近循环利用，重点开展沼气工程建设、沼液或肥水的储存设施、输送设备、田间利用管网与配套设施等，养殖粪便通过沼气处理或氧化塘处理，处理后的肥水浇灌农田，实现资源化利用和粪便污水“零”排放。

调绿农业产业结构：坚持市场需求导向，以解决资源错配为目标，以提高农业供给体系的质量效益为主攻方向，深入推进结构调整，不断提升产品质量和产业绿色发展水平。一是控玉米、粮改饲、增果菜，大力推进产品多样化、优质化、品牌化。二是实施调奶业提升，启动现代化牧场示范创建，实施奶业振兴行动，提升奶业品牌影响力。

实施农业绿色发展行动：紧盯重点环节和关键领域，实施农业绿色发展行动，点面结合、提高农业发展的质量效益和竞争力。一是以规模化奶牛养殖场、牧草和果菜为重点就地就近用于农村能源和农用有机肥为主要使用方向，开展奶牛粪污资源化利用试点，组织实施种养结合一体化项目，集成推广畜禽粪污资源化利用技术模式，解决大规模的畜禽养殖场粪污处理和资源化问题。二是以有机果菜生产基地为重点，大力推广有机肥替代化肥技术，支持引导农民和新型经营主体制造和施用有机肥，集中打造一批有机肥替代、绿色优质的农产品生产基地（园区），化肥用量减少 20% 以上。三是以提高秸秆综合利用率和土壤肥力提升为目标，大力推进秸秆的肥料化、饲料化、基料化利用，加强新技术、新工艺和新装备研发，加快建立奶牛粗饲料产业化利用机制，秸秆综合利用率达到 80% 以上。

培育农业绿色发展主体：突出绿色生态导向，运用市场的办法推进生产要素向新型农业经营主体优化配置，撬动更多社会资本投向农业绿色发展。一是加强新型农业经营主体培育，因地制宜地探索企业规模经营的形式，让农业绿色发展融入农业生产、经营各个环节，加大企业员工培育，让企业成为推动农业绿色发展的引领力量。二是大力发展农机、植保、农技和农业信息化专业性组织、社会化服务。三是加大政府和社会资本合作（PPP）的政策支持力度，引导社会资本投向农业资源节约、废弃物资源化利用等，打造农业废弃物资源化利用产业“领跑者”和行业“标杆”，采取政府统一购买服务、企业委托承包等多种形式，推动农业废弃物第三方治理，形成政府支持、企业主体、市场化运行的长效机制。

完善农业绿色发展政策支持体系：加强农业绿色发展政策创设和制度创新，建立健全农业绿色发展的长效机制。一是建立健全以绿色生态为导向的农业补贴制度，完善企业间、产业间的生态补偿机制，建立以农业绿色发展为导向的金融、价格、用地、用电等政策。二是在农业投入品减量高效利用、废弃物资源化利用和农产品绿色加工贮藏等重点领域开展科技联合攻关，尽快取得一批突破性科研成果，完善成果评价和转化机制，加快成熟适用绿色技术的推广和应用。三是制修订农兽药残留、畜禽粪污资源化利用等标准，推进绿色农产品认证制度，加快建立统一的绿色农产品市场准入标准，加强农产品质量安全全程监管，加快建设农产品质量安全追溯体系。四是完善农业资源环境监测网络，建立监测预警体系，探索构建农业绿色发展指标体系，将监测评价结果纳入科技企业考核内容。

2. 青铜峡酿酒葡萄（鸡羊粪＋酿酒葡萄＋枝条秸秆养菇＋枝条菇渣还田＋果渣喂鸡）

贺兰山东麓是宁夏乃至我国最大的酿酒葡萄原产地生产基地，也是宁夏最大的食用菌生产基地和最大的畜禽（鸡、肉牛）养殖基地。依托养殖优势产业和酿酒葡萄，优化区域布局，大力发展饲用玉米、青贮玉米和紫花苜蓿等优质牧草种植，完善合理的粮经饲三元结构，形成粮草兼顾、农牧结合、循环发展的新型种养结构。大力发展标准化循环畜牧养殖业，依托肉牛和家禽等主导产业，完善良种繁育、疫病防控等绿色生产体系，形成“企业＋园区＋基地＋农户”的生产运营模式，实现畜牧业向技术集约型、资源高效型、环境友好型转变。利用秸秆和养殖废弃物培植闽宁镇食用菌龙头企业，形成“龙头企业＋基地＋农户”的生产运营模式。打通种植、养殖、特色产业生产加工协调发展通道，以作物秸秆、畜禽粪污资源化处理和高效利用为纽带，在畜禽产品精深加工基础上发展食用菌和有机肥加工产业，实现有机废弃物资源化利用，菇渣和有机肥为酿酒葡萄生产提供优质绿色有机肥产品，形成养殖园区、种植基地、农畜产品加工和废弃物循环利用协同配套的建设模式，构建“种植业（玉米）—养殖业（鸡）—食用菌生产—废弃物生产有机肥—酿酒葡萄生产—葡萄枝条生产菌棒或还田”的生产运营模式。

调绿农业产业结构：坚持市场需求导向，以提高农业供给体系的质量效益为主攻方向，深入推进产业结构调整工作，不断提升产品质量和产业绿色发展水平。一是实施保玉米、增酿酒葡萄扩大秸秆枝条生产菌菇试点，推进产品有机化、优质化、品牌化。二是重点实施调牛羊、提鸡业，启动养鸡规模化、标准化养殖，提升品牌影响力。

实施农业绿色发展行动：实施农业绿色发展行动，点面结合、企业农户联动，提高优势特色农业发展的质量效益和竞争力。一是以酿酒葡萄基地就地就近用于农村能源和农用有机肥为主的畜禽粪污资源化利用试点，实施种养结合一体化，解决大规模畜禽养殖场的粪污处理和资源化问题。二是以酿酒葡萄优势产区、知名品牌生产基地为重点，大力推广有机肥替代化肥技术，支持、引导企业化经营主体生产和施用有机肥，打造有机肥替代、绿色优质葡萄酒生产基地，化肥用量减少 20% 以上。三是以提高秸秆综合利用率为目标，大力推进秸秆肥料化、基料化的利用，加强基质育菇新技术和新工艺研发，加快建立秸秆枝条育菇产业化利用机制，秸秆枝条综合利用率达到 80% 以上。

培育农业绿色发展主体：突出绿色生态导向，运用市场的办法推进生产要素向新型农业经营主体优化配置，撬动更多的社会资本投向农业绿色发展。一是加强新型农业经营主体培育，探索企业和适度规模经营结合的形式，让循环农业绿色发展融入农业生产、经营的各个环节，加大企业员工和职业农民培育，支持种养加企业等优先发展绿色农业，让企业成为推动农业绿色发展的引领力量。二是大力发展企业农机、植保、农技和农业信息化服务机构，构建公益性服务和经营性服务相结合、专项服务和综合服务相协调的社会化服务体系。三是加大政府和社会资本合作（PPP）的政策支持力度，引导社会资本投向农业资源节约、废弃物资源化利用等，打造农业废弃物资源化利用的产业样板企业，推动农业废弃物种养加协作治理，形成政府支持、企业主体、市场化运行的长效机制。

完善农业绿色发展政策支持体系：加强农业绿色发展的政策创设和制度创新，建立健全农业绿色发展的长效机制。一是建立健全以绿色生态为导向的农业补贴制度，完善企业和产业间的生态补偿机制，推动建立以农业绿色发展为导向的金融、价格、用地、用电等政策，创新绿色生态农业保险产品。二是在农业投入品上减量高效地利用、废弃物资源化利用和农产品绿色加工贮藏等重点领域开展科技联合攻关，尽快取得一批突破性的科研成果，完善成果评价和转化机制。三是制修订农兽药残留、畜禽粪污资源化利用等标准，改革无公害农产品认证制度，建立不同行业间统一的绿色产品市场准入标准，加强农产品质量安全全程监管。四是建立监测预警体系，探索构建农业绿色发展指标体系，将监测评价结果纳入龙头企业推荐内容，健全重大环境事件和污染事故责任追究制度及损害赔偿制度。

3. 红寺堡枸杞（农户牛羊禽粪 + 枸杞 + 枝条还田 + 落果喂牛羊）

落实“一池三改”生态家园建设、标准化畜禽养殖、农村厕所改造、农业废弃物综合利用等举措，园区以地方农业企业为龙头，与合作社等组成联合体，集成推广农业清洁生产、资源循环利用、畜禽粪便无害化处理等技术，运用畜牧养殖粪便生产沼气，沼渣生产有机肥，沼液生产无公害农产品。全面开展沼液沼渣就近施用、远程运输到周边果园蔬菜园或加工有机肥综合利用，建成了一批“畜—沼—枸杞”等生态循环基地。初步形成了“种植三元结构—畜禽养殖—沼气生产—肥料加工—种植基地—有机枸杞—枸杞残果和枸杞嫩枝饲料化”等种养循环农业模式。

调绿农业产业结构：坚持市场需求导向，以解决种养协同为目标，以提高农业供给体系的质量效益为主攻方向，深入推进结构调整。一是推动玉米调减，扩大粮草轮作试点，增加枸杞等品种，推进产品多样化、优质化、品牌化。二是推进牛羊分散标准化圈舍养殖，引导产能向粮食主产区、环境容量大的地区转移，实施牛羊品牌化行动。

实施农业绿色发展行动：紧盯重点环节和关键领域，实施分散种植条件下的农业绿色发展行动，整村推进，增强农业可持续发展能力。一是以分散养殖为重点，开展畜禽粪污资源化集中处理利用试点，组织实施种养结合一体化，基本解决畜禽分散养殖区的粪污处理和资源化问题。二是以枸杞优势产区、知名品牌生产基地为重点，大力推广有机肥替代化肥技术，支持引导农民和企业施用有机肥，打造一些有机肥替代、绿色优质农产品生产基地（园区），化肥用量减少 20% 以上。三是以提高枸杞枝条综合利用率和土壤培肥为目标，大力推进枸杞枝条肥料化、饲料化的利用，加强枸杞饲料和堆腐新技术、新工艺和新装备的研发，加快建立集中收集利用机制，枸杞枝条综合利用率达到

80%以上。

培育农业绿色发展主体：突出绿色生态导向，运用市场的办法推进更多社会资本投向农业绿色发展。一是加强新型农业经营主体培育，因地制宜地探索种养殖业适度规模经营的有效实现形式，让循环农业绿色发展融入农业生产、经营各个环节，加大新型职业农民培育，支持种养大户、家庭农场、农民合作社等优先发展绿色农业，让新型经营主体成为推动农业绿色发展的引领力量，带动小农户步入农业绿色发展轨道。二是大力发展农机、植保、农技和农业信息化服务合作社、专业服务公司等服务性组织，构建公益性服务和经营性服务相结合、专项服务和综合服务相协调的农业社会化服务体系，开展统测、统配、统供、统施等专业化服务。三是加大政府和财政的政策支持力度，采取政府统一购买服务、企业委托承包等多种形式，推动农业废弃物第三方集中治理，形成政府支持、企业主体、市场化运行的长效机制。

完善农业绿色发展政策支持体系：落实好《关于创新体制机制推进农业绿色发展的意见》，建立健全农业绿色发展的长效机制。一是建立健全以绿色生态为导向的农业补贴制度，推动建立以农业绿色发展为导向的金融、价格、用地、用电等政策，加大绿色信贷及专业化担保支持力度，创新绿色生态农业保险产品。二是在农业投入品减量高效利用、废弃物资源化利用和农产品绿色加工贮藏等重点领域开展科技联合攻关，尽快取得一批突破性科研成果，加快成熟适用绿色技术的推广和应用。三是制修订农兽药残留、畜禽粪污资源化利用等标准，改革无公害农产品认证制度，加快建立统一的绿色农产品市场准入标准。

4. 青铜峡有机水稻（饲草玉米＋奶牛肉牛生猪粪＋水稻＋秸秆喂养）

以“稳定粮食产能、调优农牧结构、推进资源高效利用”为基本目标，坚持“为养而种，草畜结合”，以草食性畜牧业为先导，优化区域种养配比，在提高农民收入的同时，为消耗秸秆营造外部需求条件，开展基于种养结合的循环农业建设。主要是肉羊、滩羊扩群增量，开展标准化养殖，以养殖规模为基数确定饲用玉米供给量。结合土地流转和适度规模化经营，集中连片建设旱涝保收高标准农田，集成应用优质高效栽培技术，提高粮食生产抗灾保丰收能力。坚持“以饲为本，种养循环”，压缩玉米种植面积，提高单产水平，增加青贮玉米、饲用玉米、苜蓿等的种植面积，建立粮、经、饲三元种植结构。以提升水稻、小麦品质为核心，推广牛羊粪污还田、减肥控药生态种植，建设“宁夏好大米”有机水稻品牌。通过实施“青贮玉米（玉米饲料化）—牛羊养殖—粪污还田—水稻有机生产（玉米富硒）—富硒水稻和牛羊肉”的种养结合模式，利用青贮玉米、饲用玉米以及优质牧草种植等措施，在确定基础种植面积与养殖规模比例的基础上，通过建设秸秆综合利用试点，推进秸秆饲料化利用，实现养殖过腹还田，推进畜牧粪污资源化处理利用。

调绿农业产业结构：坚持市场需求导向，以解决资源错配为目标，以提高农业供给体系的质量效益为主攻方向，深入推进结构调整。一是压减水稻生产，推动玉米调减，增加饲料玉米种植，扩增粮改饲面积，大力推进农产品多样化、优质化、品牌化。二是推进生猪分散圈舍标准化养殖，引导牛羊圈舍养殖。三是开展稻蟹、稻鱼零用药养殖技术示范，推广稻鱼综合种养。

实施农业绿色发展行动：紧盯重点环节和关键领域，实施农业绿色发展行动，点面结合、整村推进，增强农业可持续发展能力，提高农业生态功能。一是以分散和规模化养殖场为重点，以就地就近用于农村能源和农用有机肥为主要使用方向，开展畜禽粪污资源化利用试点，组织实施种养结合一体化，集成、推广畜禽粪污资源化利用技术模式。二是以有机水稻、果菜核心产区、知名品牌生产基地为重点，大力推广有机肥替代化肥技术，支持引导农民和新型经营主体积造和施用有机肥，打造一批有机肥替代、绿色优质农产品生产区，化肥用量减少 20% 以上。三是以提高秸秆综合利用率和土壤培肥为目标，大力推进秸秆肥料化、饲料化利用，加强秸秆、粪污发酵新技术、新工艺和新装备研发，秸秆综合利用率达到 80% 以上。

培育农业绿色发展主体：坚持市场在资源配置中的决定性作用，突出绿色生态导向，运用市场的办法推进生产要素向新型农业经营主体优化配置。一是加强新型农业经营主体培育，因地制宜地探索适度规模经营的有效实现形式，让循环农业绿色发展融入农业生产、经营的各个环节，加大新型职业农民培育，支持种养大户、家庭农场、农民合作社等优先发展绿色农业，让新型经营主体成为推动农业绿色发展的引领力量。二是大力发展农机、植保、农技和农业信息化服务合作社、专业服务公司等服务性组织，构建公益性服务和经营性服务相结合、专项服务和综合服务相协调的农业社会化服务体系，开展统测、统配、统供、统施等专业化服务。三是加大政府和财政的政策支持力度，引导社会资本投向农业资源节约、废弃物资源化利用等，采取政府统一购买服务、企业委托承包等多种形式，推动农业废弃物第三方治理，形成政府支持、企业主体、市场化运行的长效机制。

完善农业绿色发展政策支持体系：落实好《关于创新体制机制推进农业绿色发展的意见》，建立健全农业绿色发展的长效机制。一是建立健全以绿色生态为导向的农业补贴制度，完善农业生态补偿机制，推动建立以农业绿色发展为导向的金融、价格、用地、用电等政策，加大绿色信贷及专业化担保支持力度，创新绿色生态农业保险产品。二是在农业投入品减量高效利用、废弃物资源化利用和农产品绿色加工贮藏等重点领域开展科技联合攻关，尽快取得一批突破性的科研成果，加快成熟适用绿色技术的推广和应用。三是制修订农兽药残留、畜禽粪污资源化利用等标准，改革无公害农产品认证制度，加快建立统一的绿色农产品市场准入标准，加快农产品质量安全追溯体系建设。四是完善农业资源环境监测网络，建立监测预警体系，探索构建农业绿色发展指标体系，将监测评价结果纳入地方政府绩效考核内容，建立资金分配与农业绿色发展挂钩的激励约束机制。

（四）循环农业配套建设内容

1. 标准化饲草基地与养殖场建设

以吴忠园区整体促进农业结构调整，减少对粮食型饲料的依靠，扶持开展饲草种植和青贮饲料专业化生产示范建设，重点支持饲草种植基地的土地平整，灌溉设施，耕作、打草、搂草、捆草、干燥、粉碎等设备购置，以及饲草和秸秆青贮氨化等设施的建设。通过实施奶牛养殖场“三改两分”（改水冲清粪为漏缝地板下刮板清粪、改无限用水为控制用水、改明沟排污为暗道排污，固液分离、雨污分离）建造高标准规模养殖场，营造良好的饲养环境，加强动物疫病防控，提高动物生产性能，减少环境污染，降低养殖废弃物处理成本，扶持污水粪污收集处理系统、屠宰废弃物无害化处理及循环利用设施设备等改造建设。

2. 畜禽粪便循环利用

沼渣沼液还田项目：在农户居住区较近、秸秆资源或畜禽粪便丰富的地区，以自然村、镇为单元，发展以畜禽粪便、秸秆为原料的沼气生产，用作农户生活用能，沼渣沼液还田利用。在远离居住区、有足够农田消纳沼液且沼气发电自用或上网的地区，依托大型养殖场，发展以畜禽粪便、秸秆为原料的沼气发电，养殖场自用或并入电网，固体粪便生产有机肥，沼渣沼液还田利用。通过实施沼渣沼液还田项目，实现种养业废弃物的循环利用，解决养殖区域环境污染问题，促进养殖业可持续发展，改善养殖场和周边农村的生态环境。

有机肥深加工项目：建设区域畜禽粪便收集处理站，收集、储存和堆肥处理 10 km 范围内的中小规模养殖场或散养密集区内畜禽粪便和农作物秸秆，堆肥后就地还田利用或作为有机肥产品参与市场大循环。区域粪便收集处理站建设内容主要包括养殖场（户）粪便暂存池、堆肥车间、有机肥仓库等土建工程以及堆肥搅拌机、粉碎机等设备。通过实施有机肥深加工项目，将大量集中或分散的畜禽粪便加工成有机肥，既有利于保护环境，又可以培肥地力，改善作物品质。

3. 农作物秸秆综合利用

农作物秸秆综合利用项目是在秸秆资源丰富和牛羊养殖量较大的粮食主产区，根据种植业、养殖业的现状和特点，优先满足大牲畜饲料需要，合理引导炭化还田改土等肥料化利用方式，推进秸秆的基料化、燃料化利用以及其他综合利用途径。

秸秆饲料：扶持开展秸秆养畜联户示范、规模场示范和秸秆饲料专业化生产示范，重点支持建设秸秆青黄贮窖或工业化生产线，购置秸秆处理机械和加工设备，改造配套基础设施，增强秸秆处理饲用能力，加快推进农作物秸秆饲料化利用。

秸秆炭化还田改土：秸秆炭化还田改土技术，以连续式热解炭化装置对秸秆进行热裂解，产出生物炭和混合气，生物炭还田改土利用，保护和提升耕地质量，热解混合气分离为生物质燃气、焦油和木醋酸后利用。重点支持原料棚、炭化车间、炭成型车间等土建工程建设以及连续式炭化炉、进料系统、炭成型生产线等设备购置。

秸秆基质：秸秆含有丰富的纤维素和木质素等有机物，是栽培食用菌的重要原料，也可作为水稻、蔬菜育秧和花卉苗木育苗的基质。以秸秆为主要原料，辅以畜禽粪便、养殖废水进行高温好氧发酵，加工生产商品化基质产品。重点支持秸秆粉碎车间、堆肥车间、包装车间等土建工程建设以及装载机、翻搅机、皮带输送机等设备购置。

4. 循环农业发展模式

种养加功能复合模式：以种植业、养殖业、加工业为核心的种、养、加功能复合循环农业经济模式。采用清洁生产方式，实现农业规模化生产、加工增值和副产品综合利用。通过该模式的实施，可整合种植、养殖、加工优势资源，实现产业集群发展。

立体复合循环模式：以种植业、养殖业为核心的立体复合循环农业经济模式。该模式可有效缓解该地区水、土资源短缺问题，形成良好的生态循环。

以秸秆为纽带的循环模式：以秸秆为纽带的农业循环经济模式，即围绕秸秆饲料、燃料、基料化综合利用，构建“秸秆—基料—食用菌”“秸秆—成型燃料—燃料—农户”和“秸秆—青贮饲料—养殖业”产业链。该模式可实现秸秆资源化逐级利用和污染物零排放，使秸秆废弃物资源得到合理和有效的利用，解决秸秆任意丢弃焚烧带来的环境污染和资源浪费问题，同时获得绿色有机肥料和生物基料。

以畜禽粪便为纽带的循环模式：围绕畜禽粪便燃料、肥料化综合利用，应用畜禽粪便沼气工程技术、畜禽粪便高温好氧堆肥技术，配套设施农业生产技术、畜禽标准化生态养殖技术、特色林果种植技术，构建“畜禽粪便—沼气工程—燃料—农户”“畜禽粪便—沼气工程—沼渣、沼液—果（菜）”和“畜禽粪便—有机肥—果（菜）”产业链。家畜粪便和饲料残渣制沼气或培养食用菌，食用菌下脚料繁殖蚯蚓，蚯蚓喂鸡，鸡粪发酵后作肥料。

第五章
基于种养结合的宁夏循环农业技术模式

一、以废弃物资源化为核心的种养结合循环农业技术模式——“奶牛养殖—固液分离—有机肥生产—玉米种植”

（一）模式概述

奶牛养殖场将奶牛粪便以及废水储存，结合当地的秸秆、枝条等种植业废弃物，通过好氧堆肥等方式就近还田，或制备有机肥销售及自用等资源化产品，并进一步再将这些资源化产品用于玉米、苜蓿等种植的养分供给，之后为奶牛养殖提供生态饲料的原料。同时，奶牛粪污还可经发酵后用于生产土壤改良基质、菌菇生产基质、盐碱地土壤改良等。此外，经过生态净化等处理的废水，还可回用于农田种植。如图 5-1 所示。

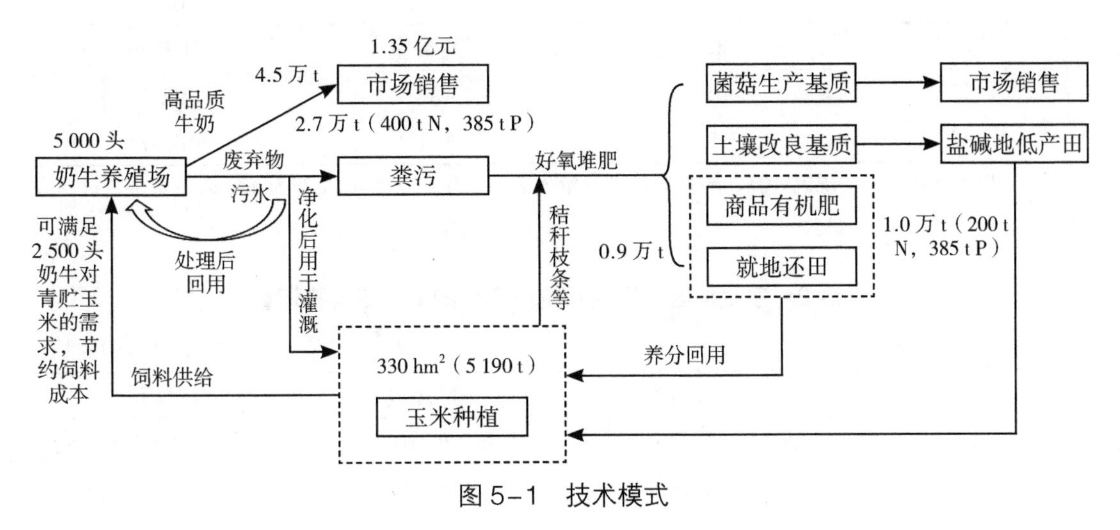

图 5-1 技术模式

（二）适用范围

该模式适合养殖大户，以禽畜粪污处理为核心，加载多层次生物链，通过工业网络将粪污进行处理，增加了能量的利用效率。采用该技术时，养殖企业周围有规模较大的种植农田、果园，养殖业产生的粪污能被土地消纳，其养殖规模与周边种植业对肥料需求紧密挂钩。同时，畜禽粪便堆积场所要做到场所固定，防雨、防漏、防溢，还应规范畜禽粪污的处理操作，保证粪污堆肥处理后的腐熟程度与卫生学指标达到农用要求。

（三）物质循环情况

1. 奶牛粪污产生量估算

一头正常产奶牛，一般每天产奶量在 30 kg 左右，每年产奶 10 个月，则平均产奶量为 9 t/a。养殖量为 5 000 头的奶牛养殖场，年平均产奶量约为 4.5 万 t 牛奶。宁夏地区不同生长阶段奶牛的采食量与排污量系数、采食量与排污量分别如表 5-1、表 5-2 所示。

表 5-1　宁夏地区不同生长阶段奶牛的采食量与排污量系数

［单位：g/（d · 头）］

育成牛	采食量	粪含量	尿含量
氮	168.5	83.4	39.4
磷	155.4	121	0.27
成乳牛	采食量	粪含量	尿含量
氮	379	223.7	92.1
磷	475.2	301.1	0.67

注：以 5 000 头奶牛规模计算，合计粪便排放量为 2.715 万 t，氮排放量约为 400 t/a，磷排放量约为 385 t/a。

表 5-2　宁夏地区不同生长阶段奶牛的采食量与排污量

（单位：t/a）

育成牛	采食量	粪含量	尿含量
氮	153.76	76.10	35.95
磷	141.80	110.41	0.25

（续表）

成乳牛	采食量	粪含量	尿含量
氮	345.84	204.13	84.04
磷	433.62	274.75	0.61

2. 好氧发酵堆肥的营养计算

牛粪的纤维含量较高，C/N 值低，不易腐解，因而需要结合宁夏地区农业废弃物的特点及数量，从玉米秸秆、菌渣等材料中筛选出适合牛粪发酵的辅料，采用好氧发酵的方法完成堆肥。

按照牛粪的碳氮比为 18、玉米秸秆的碳氮比为 45 估算，5 000 头奶牛粪污堆肥需要配套的秸秆量约为 0.9 万 t。

堆肥过程中有机氮的矿化、持续性氨的挥发以及硝态氮的反硝化等均会引起堆肥过程中氮素的损失，按照文献中常规堆肥的氮素损失 50% 来计算，则经堆肥后材料中的氮约为 200 t/a，磷约为 385 t/a。合计可生产有机肥约 1.0 万 t。

3. 作物养分需求量估算

宁夏的玉米种植密度为 9.10 万株 /hm^2、按施氮量 398.0 kg/hm^2（按照施用有机肥 30 t/hm^2 计算）可实现玉米较高产量 15 729.24 kg/hm^2。据此，可以计算得到，1.0 万 t 有机肥可以满足约 330 hm^2 的玉米地种植，共可种植约 3 000 万株的玉米，玉米产量可约达 5 190 t。

4. 作物养分排泄量及需要消纳的土地面积估算

要使奶牛养殖场的排泄物中的养分得到循环利用，按 N 计，需要的土地面积为 330 hm^2，也就是 4 950 亩。

5. 玉米作为饲料供应给奶牛

据估算，一头成年奶牛每天产奶约 30 kg，日粮一般需要 25 kg 青贮玉米、5 kg 苜蓿、1 kg 棉籽、11 kg 精饲料，外加其他辅助型饲料，总计一天一头成年母牛需要的饲料约为 45 kg。

按青贮玉米的需求量来计算，5 000 头奶牛每年需要的青贮玉米为 4.56 万 t。

1 亩青贮玉米的产量约为 5 000 kg，则 330 hm^2 的青贮玉米产量约为 2.47 万 t。可供应 2 500 头奶牛一年的需求。

6. 成本效益计算

1 t 牛奶按照 3 000 元计算，则 4.5 万 t 牛奶的年收入约为 1.35 亿元。

1 t 青贮饲料按照 360 ～ 380 元计算，则 2.47 万 t 的青贮饲料约为 913 万元。

1 t 有机肥按照 600 ～ 800 元计算，则 1.0 万 t 有机肥合计约为 700 万元。

（四）接口技术

接口技术是链接循环农业各个环节的技术，链接得好才能确保物质与能量循环顺畅、利用高效。园区使用到的接口技术主要是能源化、肥料化等废弃物资源化高效利用的减排减量技术。本循环农业模式中的关键接口技术如下。

1. 异位发酵床粪污处理技术

异位发酵床粪污处理技术的实施细则包括技术适用范围、发酵车间设计、养殖密度要求、清粪工艺选择、粪污收集与运输要求、粪污储存要求、菌剂选择与调配、异位发酵床运行管理。

异位发酵床处理技术是针对集约化牛场的整体粪污集中处理设计的，需要严格控制源头冲洗水用量和粪污产生量，这是确保异位发酵床处理技术实现污染物趋零排放的前提之一。因此必须实施清洁生产，采用先进的技术，提高水的循环利用率，例如，逐步淘汰水冲粪和水泡粪工艺，采用干清粪工艺进行替代。异位发酵床处理技术较适用于存栏量 300 头以上、具备漏缝地板排污系统或自动刮粪设备的集约化养牛场，以整个养殖场的粪污集中处理为目的。

发酵车间建议采用轻钢结构框架设计，高度不低于 4 m，需保持良好的采光，北方异位发酵床车间一般为封闭式，车间顶层加抽气管，气体回流至水池中。门窗采用卷帘，车间式设计造价成本相对较低，有利于机械化操作和发酵产品的储存和运输。粪污槽应在发酵车间中央位置，发酵槽分列于粪污槽两侧，可设置多列发酵槽，多列式分布设计可节约占地空间，减少了粪污输送管道的布置，同步实现多列发酵槽的粪污处理。需要注意的是，粪污槽和发酵槽底部及侧壁要做好防渗漏处理，避免污水或发酵产生的渗滤液渗入地下引起地下水污染。发酵槽一端需要设计污水循环池，将发酵过程中垫料产生的渗滤液回流到粪污槽，通过回用可避免污染环境。

粪污运输过程应按《畜禽养殖污染防治技术规范》（DB 64/T 702—2011）

规定执行，粪污集中收集后向贮存池转运、贮存时应做好防渗漏措施，设计专用通道，需与牛舍保持距离，最好处于下风向区域，避免引发疫病。粪污贮存池底及池壁应防水、防漏，避免地下水污染。贮存池有效容积达到异位发酵床日处理量的 1.5 倍以上，否则可能导致粪污供给不足，导致发酵中断。建议使用圈舍冲洗水调节贮存池中的固形物浓度，可控制在 10% 左右；固形物浓度太高容易堵塞输送喷淋管道，太低则影响垫料发酵效果，还会增加粪污处理量。粪污池内必须安装循环搅拌设备，通过搅拌混匀粪污，避免产生结块和沉淀，搅拌可确保贮存池内的粪污被均匀地喷洒到垫料上，保持稳定的垫料发酵效果。另外，贮存池四周应设立警示标志和隔离栏，预防人畜掉入池中发生危险。

与原位发酵床养殖技术类似，异位发酵床处理技术的运行管理维护也是关乎粪污处理效果和效率的关键，垫料配制和发酵管理的关键指标必须符合指南规定。发酵菌剂添加、垫料厚度、粪污喷洒量、翻拌次数和时间、水分调节、垫料替换须严格执行指南的规定，否则发酵床无法在最适发酵温度下正常运行，不能生产优质有机肥原料。现场实验证明，发酵菌剂与垫料质量比为 1‰ 左右，与垫料混合均匀后，最终堆高为 1.2 ～ 1.5 m，可获得最佳的发酵效果；采用喷淋设备将粪污槽内的液体粪污喷洒在垫料上方，通常情况下 1 m^3 垫料的喷洒量为 25 ～ 30 L，易于定量控制，粪污会更均匀地分布在垫料表面；喷洒粪污后静置 8 ～ 10 h，待液体充分浸入垫料后，再进行机械翻抛，可充分混匀垫料和粪污混合物，否则容易导致不均匀发酵；正常情况下，每日翻抛 1 次即可，在夏季高温时或发酵温度过高的情况下需增加翻抛次数，有利于垫料的通风，避免堆体内部温度过高；翻抛应直达垫料底部，完全彻底混拌均匀，才不会出现局部腐熟不完全的情况。另外，处理过程中当垫料消耗量超过 10% 时，应及时补充垫料，充分将新旧垫料混合均匀，进行含水量的调节，避免因碳氮比失衡而停止发酵或产生大量臭气。

发酵过程中应该严格监控垫料与粪污混合物的湿度和温度，如有异常需及时处理。混合物发酵的最适含水率为 50% ～ 60%，发酵过程中需通过定期监测进行判断，增加或减少喷淋次数、补充干垫料或增加翻抛次数是调节湿度的常用方法；发酵的最适温度为 50 ～ 70℃，发酵过程中也需定期监测，当温度较低时，可通过添加固体粪便、翻拌增加通气性、调节碳氮比（25∶1～30∶1）或重新更换垫料。需要注意，异位发酵床垫料最好以秸秆为主要原料，处理周期短约2个月，垫料腐熟效率会大大提高。

2. 奶牛粪便快速干燥堆肥技术

· 技术路线

奶牛粪便快速干燥堆肥技术通过添加氧化钙或过氧化钙，改变原有堆肥工艺机制。利用氧化钙或过氧化钙与水反应的化学效应，提高堆肥起始温度，升温速度快，延长高温腐熟期，为好氧微生物提供优质生存环境等，达到堆肥快速升温、高效脱水、迅速进入高温期、腐熟更彻底、缩短堆肥周期的目的。

技术路线为"配料—充氧—升温—腐熟—精细化—陈化生产"。具体如下。

配料：有机堆肥起堆按一定配比将鲜畜禽粪便、烟末、氧化钙或过氧化钙、发酵菌剂及部分返料使用装载机进行混合起堆。

充氧堆肥：起堆后，从第二天起用翻抛机对堆体按每日1次频率进行充氧返堆，连续翻抛3次之后将堆体移入升温堆肥区。

升温堆肥：堆体升温至≥60℃，对堆体进行翻抛，确保堆体能在翻抛后12 h内立即升温至≥60℃，将堆肥转移至腐熟堆肥区。

腐熟堆肥：腐熟堆肥期间，整个堆肥每隔1 d进行一次翻堆，堆体进行4～5次翻堆，堆肥温度在翻堆后不能升至60℃后，将堆肥转移至精细化堆肥区。

精细化堆肥：腐熟堆肥完毕后，对含水率为30%～45%的堆肥进行除杂破碎筛分，破碎筛分后将堆肥转移至精细化堆肥区进行为期5 d的堆肥过程（这期间进行2～3次风干细化翻堆），之后进行腐熟陈化配料流程。

陈化生产：经过精细化堆肥的堆体，经过检验后分析堆肥品质后，适当调配好各元素比例，将堆肥风干陈化后准备生产。

· 技术创新点

从堆肥的主要影响因素温度、水分、好氧环境入手，提出添加氧化钙和过氧化钙改善堆肥工艺。氧化钙或过氧化钙的添加对起始温度的升高和高温期的延长、水分的快速降低、好氧环境的提供、堆肥周期的缩短有明显的促进效果。

· 技术指标

（1）高含水率奶牛粪便加入生石灰后，5 d 堆体温度便达 60℃，腐熟过程耗时仅 27 d；根据养殖废物快速干燥堆肥化技术得到的有机肥产品，有机质含量为 60.93%，有机质的损失为 11.89%（与常规堆肥方法的 11.81% 接近），N、P、K 的含量分别为 60.9%、11.9%、11.8%，已达到有机肥产品质量标准，与常规堆肥方法得到的产品相比，该技术下产品的 P 含量比常规堆肥方法的产品增加了 40%。

（2）高含水率奶牛粪便堆肥进入中温阶段后加入过氧化钙，提前 5 d 进入高温腐熟阶段，并且高温腐熟阶段由原来的 20 d 增长到 25 d；堆肥结束时，含水率下降更加明显，降至 30% 以下。根据养殖废物分阶段补氧堆肥化技术得到的有机肥产品，有机质含量为 56.87%，总养分（氮 + 五氧化二磷 + 氧化钾）的含量为 7.24%，均高出有机肥产品质量标准（有机质含量≥ 45%、总养分≥ 5%）。

· 案例

实际应用案例中，以奶牛粪便和烟末为主要原料，加入生石灰进行好氧生物堆肥，使堆肥迅速进入中、高温阶段，实现快速升温，高效脱水，缩短堆肥周期。堆肥前在养殖废物中先加入 40% 的烟末，混合均匀后，加入 5% 的生石灰，摊开静置 5 min 后加入 2% 的 pH 调节剂并混合均匀，静置 2 min；接着加入 0.5% 的接种物，混合均匀后开始堆肥，堆积高度为 1.5 m；在堆肥过程中监测堆体温度，堆体温度达到 60℃以上时进行第一次翻堆；随后每 3 ～ 4 d 进行一次翻堆，堆体温度降至 40℃以下且不再升高时，堆肥结束。

以现金收购或以“肥”换粪的方式进行牛粪收集，探索了 4 种标准化收集模式；原料预处理后进入 SF 设备发酵或进行传统堆肥好氧发酵；发酵完成后添加功能微生物，得到专用有机肥。首次实现标准化、系列化、规范化的牛粪收集、运输和加工全过程的控制管理。

3. 粪污快速无害化和资源化设备处理技术

采用自主研发的畜禽养殖废弃物无害化处理和资源化利用成套设备，即实现粪、尿、废水一体化处理，零排放（无二次处理水排放），无恶臭，全部废弃物转化为固体有机肥，处理量可根据需求而定制。

粪污收集、贮存管理：采用干清粪工艺，避免畜禽粪便与冲洗水等其他废水混合，减少污染物排放量；根据养殖规模修建封闭式集中贮粪池，可建在设备安装厂房旁地下 3 ～ 6 m，便于直接将粪污抽取投入设备。

通过无堵浆液泵将废弃物抽送至一体化设备，给料机、有机质配方添加机同时向反应容器中添加一定比例的原料，约 60 min 130 ～ 150℃高温发酵处理，再通过液压机、调节器、恶臭去除器去除恶臭异味，利用高温装置调整含水量，反应后通过有机肥搅拌机进行充分搅拌后进入粉碎装置，进行粉碎，最终生产出优质生物有机肥。设备整体外观如图 5-2 所示。

图 5-2　养殖废弃物无害化处理一体化设备

在反应过程中加入不同的配方，可生产出矿物元素含量不同的优质有机肥。该设备属于国际首创、行业首创、首台套设备，填补了行业空白，解决了当前粪污处理模式中的“固液分离 + 污水生化、沼气发酵处理，存在二次水排放问题，处理周期长，废弃物综合利用率低”等问题，整个处理过程完全自动化，处理后达到除味、杀菌、钝化重金属、分解农残、增肥的作用。养殖废弃物无害化处理一体化设备的相关参数、配套使用菌剂和有机肥品质测定略。

生物有机肥生产成本核算及改良配方后生物有机肥成本分别见表 5-3、

表 5-4。

表 5-3 生物有机肥生产成本核算

材料及其他费用	成本（元/t）	每吨有机肥成本（元）	备注
椰子粉	2 500	75	10 t 有机肥含椰子粉 300 kg
生石灰	600	6	10 t 有机肥含生石灰 100 kg
沸石粉	1 500	12	10 t 有机肥含沸石粉 80 kg
电费	—	15	按工业电费计算（1 元/kW·h）
人工费	—	10	需 3 个工人，3 000 元/（人·月）
设备折旧费	20	20	
菌种费	40	40	
包装费	50	50	
总计	—	228	

表 5-4 改良配方后生物有机肥成本

材料及其他费用	成本（元/t）	每吨有机肥成本（元）	备注
花生壳 玉米秆 蕨菜 黄豆壳	成本几乎为零	30	农业残留物无法得到有效处理，污染环境。利用这些农业残留物生产有机肥，变废为宝，无二次污染。提高有机肥有机质成本几乎为零，仅需支付运费
椰子粉	2 500	25	10 t 有机肥含椰子粉 100 kg
生石灰	600	6	10 t 有机肥含生石灰 100 kg
沸石粉	1 500	12	10 t 有机肥含沸石粉 80 kg
电费	—	15	按工业电费计算（1 元/kW·h）
人工费	—	10	需 3 个工人，3 000 元/（人·月）
设备折旧费	20	20	
菌种费	40	40	
包装费	50	50	
总计	—	208	

注：以上为每吨生物有机肥成本预算

（五）主要案例

中卫市沐沙畜牧科技有限公司奶牛养殖场位于中卫市西北部腾格里沙漠腹地，养殖场总占地面积为 100 hm^2，总投资约 5.5 亿元，共建成牛舍 50 栋、6 万 m^2，配套建设运动场 22 万 m^2，挤奶厅 6 000 m^2，青贮池 10 万 m^3，饲料库 9 200 m^2，饲草料加工调制棚 9 000 m^2，粪污处理场 2 400 m^2，兽医兽药房和消毒室 1 000 m^2，生活及管理用房 9 000 m^2，购进相关配套设备逾 120 台套，引进奶牛胚胎移植、性控冻精、分段饲养、兽用 B 超仪妊娠诊断技术和丹麦 SAC80 位转盘式挤奶机配套使用 SAC 计算机管理软件、TMR 饲喂机尧电子耳标、项圈计步器尧阿菲金管理软件等，建立实时监控系统，全面实施奶牛场网络在线管理，实现奶牛养殖管理的科学化、精准化、高效化。截至 2017 年年底，奶牛养殖场存栏奶牛 8 250 头，日产鲜奶 95 t。

该养殖场是典型的以粪污再利用为核心的种养结合循环模式（图 5–3），通过种养结合、就地消纳、粪污加工处理等技术的应用，实现了饲草料自给、产业链延长、粪污资源化利用，破解了制约奶产业发展的瓶颈，解决了农业资源的开发利用与周边环境保护之间的矛盾问题，不仅减少了化学物质的污染，还节约了成本。

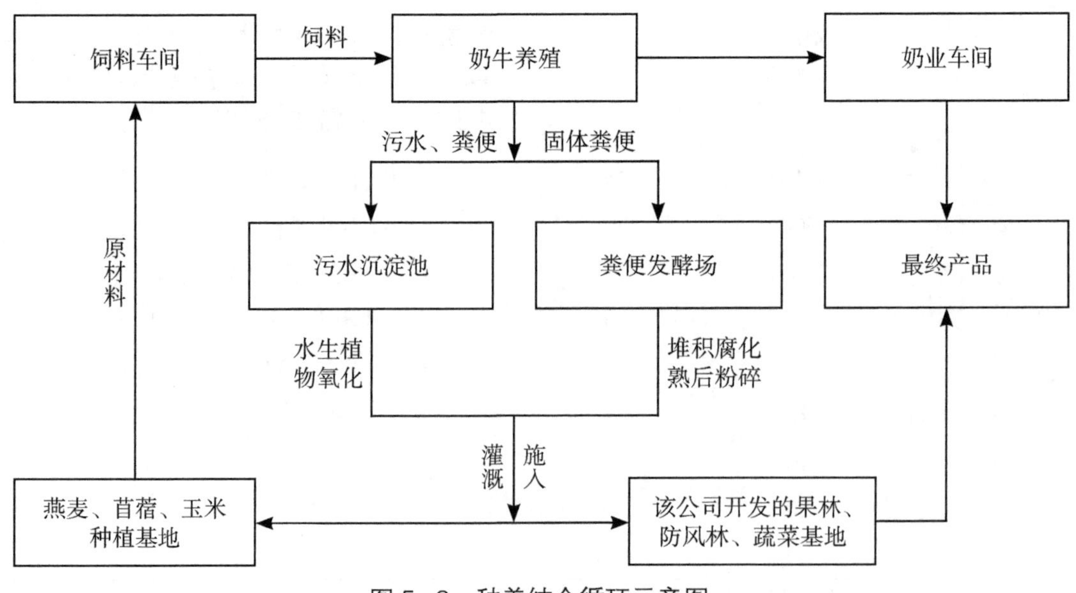

图 5–3　种养结合循环示意图

发酵核心体系：牧场建成污水沉淀池 24 000 m^3，粪污堆积发酵场 4 000 m^2，通过将挤奶台排出的污水进行沉淀，经过水生植物氧化后与灌溉用水成比例混合用于牛场周边种植作物的灌溉；将固体粪便转运到发酵场堆积腐熟，利用抛粪机粉碎后直接施入果林、防风林、草场，形成了良好的种养结合、循环利用的农业生产体系。

作物生产体系：整个养殖场的作物生产体系主要分 2 个部分。一是养殖场自身种植的牧草，该公司在沙坡头区宣和、常乐尧迎水桥、东园等镇流转土地逾 2 000.00 hm^2，每年种植燕麦 53.33 hm^2，苜蓿 400.00 hm^2，青贮玉米及籽粒玉米 1 546.67 hm^2，复种冬牧 70 黑麦草 333.33 hm^2，实行“一年两茬种植模式”；配套建成日处理 300 t 玉米的烘干设施，公司每年加工制作全株青贮玉米 7 万 t，收获玉米籽粒 5 351 t，收储苜蓿干草 4 800 t、稻草 2 000 t、燕麦草 1 000 t，已逐步实现饲草自给，同时施用粪便污水发酵得到的有机肥提高了奶牛养殖场的收益。二是公司开发、利用周边沙地 200 hm^2，种植红枣、苹果、葡萄等果林 100 hm^2，种植青贮玉米及苜蓿、黑麦草等 40 hm^2，栽植国槐、紫槐、刺槐、白杨、垂柳等防风林带 53.33 hm^2，流转承租沙漠大棚蔬菜基地 66.67 hm^2，同样施用发酵后的有机肥，不仅减少了污染，同时增加了公司第二产业的收入。

该模式适合种植大户使用，其围绕秸秆饲料、燃料、基料化的综合利用，运用工业手段和生物学理论，构建“秸秆—基料—菌类”“秸秆—燃料—农户”“秸秆—饲料—养殖业”等农牧结合模式。将秸秆变废为宝，消除其污染的同时增加了经济效益。目前，宁夏全区的主要农作物水稻、小麦、玉米、马铃薯、小杂粮等秸秆可收集量约 630 万 t，资源化利用总量为 505 万 t，利用率达到 80% 以上。据了解，宁夏同心县通过建设 10 万 t 反刍饲料、伊杨万头安格斯肉牛养殖基地、粪污资源化综合利用、中国伊牧云·牧场等企业及项目的合作，使用秸秆颗粒饲料降低了养殖成本，提高了牛羊肉的肉质，形成了以秸秆综合利用为代表的循环农业，不仅实现了“源自农业，反哺农田”和“变废为宝，生态环保”的综合循环利用，开启了“农作物秸秆—生物质炭基复合肥料还田”和“农作物秸秆—秸秆颗粒”饲料养殖的“生态种养”一体新模式，还延长了秸秆综合利用的产业链，使秸秆综合利用与农民增收呈现双赢的局面。

在该模式中，有机肥还田等技术很好地实现了废物再利用，固体粪便堆积腐熟后作为有机粪直接施到大田中，替代了化肥的使用，减少了环境的污染，同时增加了农作物的产量。牛场废水经氧化与灌溉水混合使用，一方面减少了粪污的排放量，另一方面粪污经氧化后含有大量的营养物质改善了土壤的特性，提高了土壤的肥力，增强了土壤的持水能力，减轻风蚀和水蚀，改善土壤通透性，促进有益微生物的生长。合理有效地使用各个接口技术才能使整个种养循环结构发挥最大的功效，才能保障每种技术实现利益最大化，能够在实现废物零排放的基础上，减少不必要的损失。

宁夏盐池县筹措资金扶持新建青贮池、鼓励制作玉米青黄贮饲草、秸秆打捆等，目前已构建了"散养户自给自足、行政村 + 农户、互助社 + 社员、园区（或许范围场）" 4 种秸秆高效使用形式和多元化的"秸秆经济"投入渠道，秸秆综合使用的市场化生长机制慢慢构成，农作物秸秆变废为宝，成了养殖户的抢手货和农人脱贫致富的新亮点。

二、以葡萄、枸杞枝条资源化为核心的循环农业模式——"普通枸杞枝条—沼气 / 有机肥 / 菌菇基质—菌菇种植—菌渣再利用"

（一）模式概述

一方面，葡萄、枸杞的种植栽培产生枝叶等废弃资源可投入沼气池中，作为发酵原料。这些废弃资源经发酵后可制取沼气、沼渣、沼液，其中沼气能够提供农户的日常用电，沼渣和沼液也可当作肥料还于田中，还可经过进一步包装用于市场销售。另一方面，葡萄、枸杞种植产生的大量废弃资源可以作为基质用于食用菌的生产，食用菌产生的菌渣通过气化处理可产生甲烷燃气用于农户的生活，通过生物处理等方式可以生产出有机肥用于农田的使用。如图 5-4 所示。

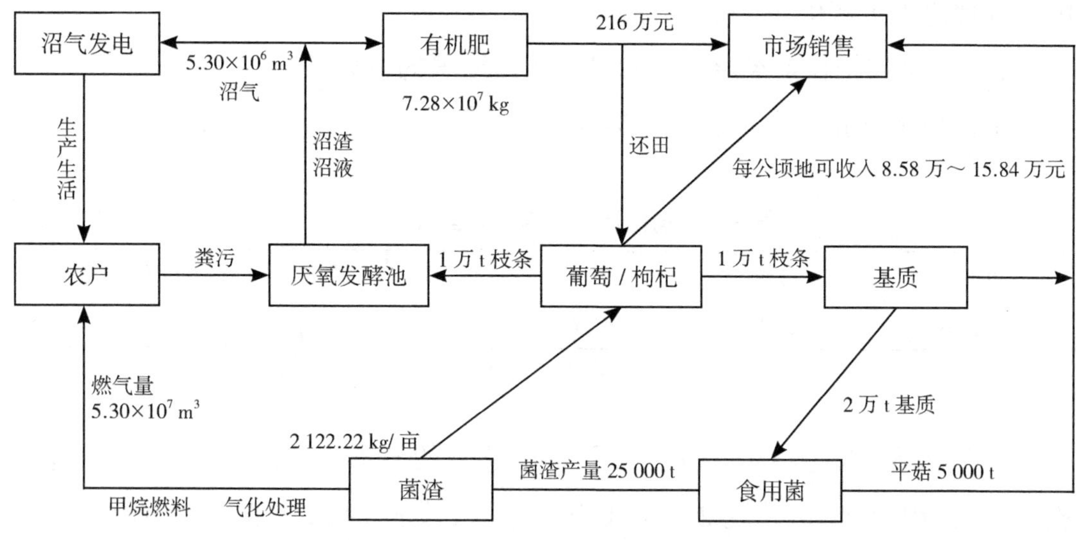

图 5-4　以葡萄、枸杞枝条资源化为核心的循环农业模式

（二）物质循环情况

1. 枸杞枝条产气量估算

实际沼气发酵过程会受诸多因素及辅料的影响，导致产气量的不一样，这里仅为了展现枸杞枝条产气的能力，评估其发展潜力，所以用理论值进行估算。枸杞枝屑营养成分如表 5-5 所示。

表 5-5　枸杞枝屑营养成分　　（单位：1×10^{-2} g/g）

项目	粗蛋白	粗脂肪	粗纤维	枸杞多糖
含量	8.31	0.5	55.8	2.58

$$
\begin{aligned}
\text{沼气转化率} &= W_C\times T_C+W_P\times T_P+W_L\times T_L \\
&=(55.8+2.58)\times10^{-2}\times0.75+0.083\,1\times0.98+0.005\times1.44 \\
&\approx 0.53\ \mathrm{m^3/kg}
\end{aligned}
$$

其中：W_C、W_P、W_L 为总纤维素、蛋白质和类脂化合物的含量（kg），T_P、T_C、T_L 分别为碳水化合物、蛋白质、类脂化合物的理论转换率，它们的数值分别为 0.75 $\mathrm{m^3/kg}$，0.98 $\mathrm{m^3/kg}$，1.44 $\mathrm{m^3/kg}$。若以 1 万 t 枸杞枝条计算，则经发

酵后其理论上可产生 5.30×10^6 的沼气。

2. 1 万 t 枸杞枝条经沼气发酵可产生沼渣量的估算

枸杞枝条营养成分含量见表 5-6。

表 5-6　枸杞枝条营养成分含量　（单位：1×10^{-2} g/g）

项目	总氮	总磷	总钾	有机碳
含量	12.06	0.78	4.01	634.6

注：假设 1 万 t 的枸杞枝条，可以提供氮素的量为 10 000 × 12.06%=1 206 t

沼气发酵消耗 COD 总量：沼气中甲烷的含量约为 55%，所以 1 万 t 枸杞枝条约可产生甲烷 2.92×10^6 m^3，沼气发酵时厌氧菌消耗 COD 的量为（2.92×10^6）/0.35 ≈ 8.34×10^6 kg，另外产生厌氧菌的 COD 量为（8.34×10^6/0.95）×5% ≈ 4.39×10^5 kg，所以在厌氧发酵过程中 COD 的总消耗量约为 $8.34 \times 10^6 + 4.39 \times 10^5 = 8.78 \times 10^6$ kg。

沼气发酵中消耗的氮量：因为每消耗量 100 kg COD 可以产生菌体约 3.15 kg，所以消耗 8.78×10^6 kg 的 COD 可产生约 2.77×10^5 kg 的菌体。需要的氮素约为 $2.77 \times 10^5 \times 10\% = 2.77 \times 10^4$ kg。

沼渣中氮的含量：在沼气发酵的过程中大量的碳将转变为甲烷和二氧化碳而氮素除微生物利用外不会损失，所以 1 万 t 的枸杞枝条发酵后沼渣中的含氮量为 $1.21 \times 10^6 - 2.77 \times 10^4 \approx 1.18 \times 10^6$ kg。

1 万 t 枸杞枝条沼气发酵产生的沼渣量：沼渣中全氮的含量为 1.62%，所以 1 万 t 枸杞枝条可产沼渣量为（1.18×10^6）/1.62% ≈ 7.28×10^7 kg。

3. 沼气产电量估算

目前，国产沼气发电机组可把沼气所含总能量的约 30% 转化成电能，每立方米沼气可产生电能约 1.8 kW · h。

1 万 t 的枸杞枝条可产沼气约 5.30×10^6 m^3，可产生电能约 9.54×10^6 kW · h。

4. 基质量的估算

按枸杞枝屑 50%、杂木屑 31%、麦麸 18%、碳酸钙 1% 配方混合，加水至含水量 50% ～ 60% 计算，现有 1 万 t 的枸杞枝屑则可配出的基质约为 10 000/0.5=20 000 t。

5. 平菇产量估算

据相关研究报道，当以枸杞枝屑 45%、玉米芯 40%、麦麸 10%、石膏粉 2%、胡麻饼 2%、过磷酸钙 1% 为配料方案作为平菇生长所需要的基质时，平菇的产量、抗力等相对都比较具有优势。此时，平菇每潮的产量可达 29.03 kg，生物效率达到 91%。据此可知生产 29.03 kg 的平菇需要枸杞枝条 14.36 kg，通过估算每千克的枸杞枝条大概可以生产 0.50 kg 的平菇。

因此，1 万 t 枸杞枝条约可生产 5 000 t 平菇。

6. 菌渣产量估算

食用菌菌渣作为食用菌栽培后菌包的残余料，其平均产生量大约是食用菌的 5 倍，依据 1 t 枸杞枝条可生产的食用菌产量计算，约可产生 25 000 t 的菌渣。菌渣的营养成分见表 5–7。

表 5–7　菌渣的营养成分　（单位：%）

项目	全氮	全磷	全钾	水分	有机物
含量	1.62	0.061 1	0.247 1	6.55	38.21

7. 每亩枸杞沼渣需用量估算

假设最佳施用量为（kg/ 株）：N=0.29、P_2O_5=0.17、K_2O=0，N：P_2O_5：K_2O= 1 : 0.59 : 0。枸杞正常种植的大概 1 亩地可种 222 株。以氮肥为标准则 1 亩地需要施用沼渣约 2 122.22 kg。

8. 燃气产量估算

3 ～ 5 kg 菌渣可产 6 ～ 10 m^3 燃气，以 4 kg 菌渣可产 8 m^3 燃气进行估算，25 000 t 的菌渣可产约 5.00×10^7 m^3 的燃气。

9. 生产效益估算

目前，宁夏的平菇批发价格约为 3.1 元 /kg，则 5 000 kg 平菇可收入约 15 500 元。

菌渣的收购价格在 50 ～ 80 元 /t，那么 25 000 t 的菌渣可带来的收入至少为 125 万元。

沼渣、沼液有机肥的销售利润按 500 元 /t 计算，则 7.28×10^7 kg 沼渣可带来的收入为 3 640 万元。

1 度电约为 0.47 元，那么 9.54×10^6 kW·h 的电量则为 448 万元。

枸杞在宁夏市场的批发价格为 52 ～ 96 元 /kg，由于地域的不同枸杞干果每亩的产量会有所差异，这里按每公顷可产 1.65 t 计算，那么每公顷地可收入 8.58 万～ 15.84 万元。

按宁夏用户燃气的价格是 1.79 元 /m^3 计算，则 5.00×10^7 m^3 的燃气可为当地的农户节省 8 950 万元。

（三）接口技术

接口技术是链接循环农业各个环节的技术，链接得好才能确保物质与能量循环顺畅、利用高效。园区使用到的接口技术包括能源化、肥料化等废弃物资源化技术。

1. 枸杞、葡萄枝条厌氧发酵技术

厌氧发酵技术处理农业废弃物，能有效保护农村及城市郊区的环境，同时能改善当前中国能源利用领域过分依赖煤炭、污染严重、能源利用率低等不合理现象，对解决中国经济发展的瓶颈有重要意义。枸杞、葡萄枝条厌氧发酵产沼气实际上就是通过微生物的物质代谢和能量转换，在分解代谢过程中微生物获得能量和物质，以满足自身生长繁殖，同时大部分物质转化为甲烷和二氧化碳，产生的甲烷等气体又可以能源化，从而很大程度上提高了废弃物的利用率，同时减少了环境污染。

影响厌氧发酵产沼气的因素有厌氧环境、充足的有机物、碳氮比、最适宜的温度区、合适的 pH 值、搅拌、稀释。可以通过建造四壁不透气的沼气池或沼气罐来实现厌氧环境。沼气池中需要充足的有机物，以保证沼气菌等各种微生物的正常生长和大量繁殖。一般认为，每立方米发酵池每天加入 1.6 ～ 4.8 kg 固形物为宜。有机物中碳氮比要适当，在发酵原料中，碳氮比一般以 25 : 1 时产气系数较高。厌氧消化有 2 个最适温度区，一种是在 34 ～ 36℃，称为中温消化；另一种是在 50 ～ 53℃，称为高温消化。在这两个温度区之间，即在 40 ～ 45℃，消化速度反而减慢。沼气发生时合适的 pH 值为 6.4 ～ 7.2，高于 8 或者低于 6 时沼气菌将受到抑制。

枸杞、葡萄枝条的厌氧发酵预处理技术如下。

物理技术：主要是通过改变枸杞、葡萄枝条的外部形态或内部组织结构的方法，包括机械加工、辐射、微波、超声波等方法。

化学技术：化学技术是利用化学制剂对枸杞、葡萄枝条进行作用，以达到打破秸秆细胞壁中半纤维素与木质素之间的共价键，从而使枸杞、葡萄枝条的消化率得到提高。化学处理主要有碱处理、酸处理、离子液体及氧化等。

生物技术：生物技术是利用某些微生物（包括真菌、基因工程菌和酶类）来降解原料中的木质素。常用的真菌有白腐菌、褐腐菌和软腐菌，其产生的木质素分解酶作用于物料，可提高纤维素和半纤维素的转化率。生物预处理常用接种菌种进行预处理，驯化分解木质素或纤维素的菌种再将其接种到原料中。通过分离出露湿漆斑菌 LG7 来处理秸秆，可以去除木质素，改变木质素的骨架结构和纤维素结晶度。

枸杞、葡萄枝条的厌氧发酵包括 3 个连续的部分，分别为水解阶段、产氢产乙酸阶段、产甲烷阶段。在每个阶段只有严格地控制好厌氧发酵的条件，才能提高废弃物的最大利用率。在厌氧发酵过程中需要考虑的厌氧发酵条件有以下几个方面。

温度：微生物只有在一定的温度范围才能进行正常的代谢和生长繁殖，温度主要是通过对微生物酶活性的影响而影响微生物的生长代谢；温度还会影响有机物在生化反应中的流向、某些中间产物的形成、各种物质在水中的溶解度，从而影响沼气的产量和成分，所以发酵温度是影响沼气发酵的重要因素。根据产甲烷菌在不同温度下的活性，将厌氧发酵分为 3 类：15 ～ 20℃为低温发酵、20 ～ 45℃为中温发酵、50 ～ 65℃为高温发酵。

底物浓度：厌氧发酵系统中的总固体浓度，又称料液浓度，是发酵料液中干物质含量的百分比。当总固体浓度高于 15% 时为干发酵，干发酵一般总固体浓度为 15% ～ 40%；总固体浓度低于 15% 为湿发酵。料液浓度过高会阻碍传质过程，同时也不利于反应产生的甲烷气的释放。有机物负荷率很高时，由于供给产酸菌的养分充分，致使作为其代谢产物的有机物酸产量很大，超过了产甲烷菌的吸收利用能力，导致有机酸在消化液中的积累和 pH 值下降；有机物负荷率偏小则供给产酸菌的原料不足，产酸量偏小，不能满足产甲烷菌的需要。

C/N 值：C/N 值是指原料有机物中的总有机碳含量与总氮含量的比值，C/N 值太低，氮过多 pH 值可能上升，铵盐容易积累，抑制消化进程；C/N 过高，氮量不足，挥发性脂肪酸容易积累而导致发酵液酸化，厌氧发酵过程中反应物碳氮比在（20 ～ 30）：1 时为最佳。

pH 值：pH 值不仅直接影响生物体内各种酶的催化活性及代谢途径，还能影响生物细胞的形态和结构。各种细菌都有其适应的氢离子浓度，产甲烷菌对 pH 值的适应范围在 6.8 ～ 7.2，因此厌氧发酵产甲烷的最佳 pH 值为中性范围。当 pH 值低于 6.0 时，可加入石灰水或者氨水调节，保证厌氧发酵过程的顺利进行。

无机盐：无机盐或矿质元素主要为产甲烷菌提供碳源、氮源以外的各种重要元素，如 P、S、K、Mg、Na、Fe 等大量元素和 Cu、Zn、Mg、Ni、Co、Mo、Sn、Se 等微量元素。有些离子是微生物细胞组成成分，当发酵环境中存在适量无机盐离子时可以促进微生物生长。例如，100 ～ 200 mg/L 的 Ca 和 75 ～ 150 mg/L 的 Mg 可促进发酵过程。有毒物质对于厌氧发酵过程来说是相对的，过高浓度的无机盐离子会影响微生物生长繁殖，甚至有毒害致死作用。

在枸杞、葡萄枝条产沼气的实际应用中，要综合考虑原料预处理和厌氧发酵条件的各种因素，选择适宜、经济的预处理方法和发酵条件以及工艺，以达到高产量、低能耗、低污染的目的。

2. 枸杞、葡萄枝条生产基质技术

利用枸杞、葡萄枝条等农业废弃物资源制作多样化、无害化园艺基质，不仅可以解决当前棘手的农业环境污染与资源浪费问题，而且为补充或替代不可再生的园艺草炭基质生产提供了原料的来源，对保护环境和发展无土设施农业都大有益处。国外利用椰子壳、锯末替代草炭作为园艺基质，国内在木薯、蔗渣、芦苇末、花生壳、醋糟、棉秆和其他作物秸秆等作为园艺基质已做了大量的研究工作，结合宁夏的农业生产实情，利用枸杞、葡萄产业每年修剪下来的枝条开发一种能补充或替代草炭的园艺基质是非常必要的。枸杞、葡萄枝条资源非常丰富，分布在西北、西南、华中、华南和华东各省区，但主要在宁夏、甘肃和青海等西部地区。

基质发酵是通过将枸杞、葡萄枝条进行高温好氧发酵改性处理，制成良好的有机栽培基质材料。它是制作无土栽培基质的关键环节之一，寻找适宜、快速、有效的微生物菌剂、碳氮比和氮源类型及氮源配比是基质发酵的核心问题。

枸杞、葡萄枝条基质发酵工艺流程见图 5–5。

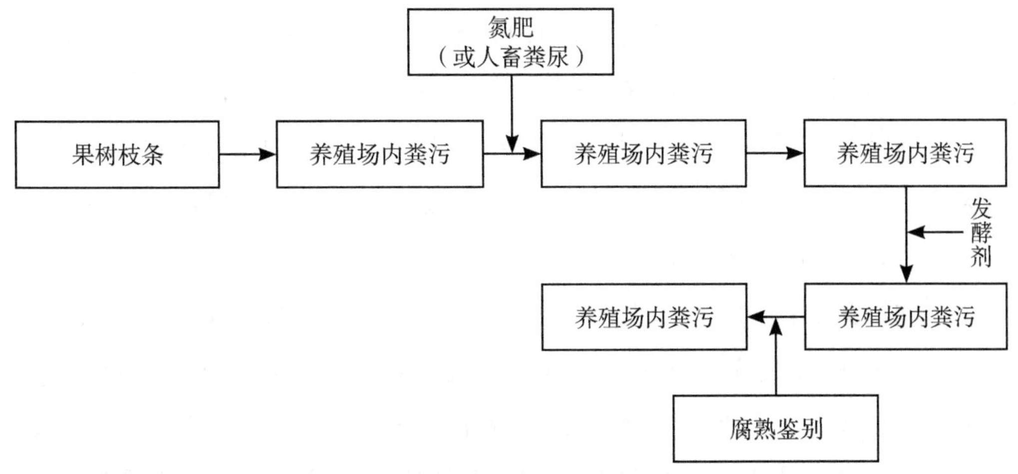

图 5–5　枸杞、葡萄枝条基质发酵工艺流程

利用枸杞、葡萄枝条生产基质的技术要点如下。

场地选择：场地应选择取水容易、交通方便、地势较高、平坦坚实且朝阳的地方。

枝条粉碎：由于枸杞、葡萄枝条质地坚硬，木质素含量高，微生物不易分解，通过粉碎变成较小的颗粒能扩大微生物对肥料的接触面积，有利于微生物分解；同时，较小的颗粒在加水时有利于水分的渗透与保持。在实际操作过程中，一般要求果树枝条粉碎粒度大小控制在 5 ～ 10 m 为宜，作物秸秆或杂草用粉碎机粉碎或铡草机切断，长度小于 5 cm 为宜。

条垛大小：条垛的形状为长条形，其横截面可以是梯形或拱形，底部宽 1.5 ～ 2 m、高 1 ～ 1.5 m，长度视原料多少和场地大小而定。

添加氮肥：堆料中的微生物需要充足的氮源才能生长、繁殖和分泌分解堆肥原料的各种胞外酶。如果氮源不足（“碳氮比”过高），有机物降解速度变得缓慢，堆肥时间将延长。堆肥适宜的“碳氮比”应控制在 20 ～ 40。每 1 t（2 ～ 2.5 m^3）堆肥原料加入 2 ～ 3 kg 尿素或 4 ～ 6 kg 硫酸铵或 6 ～ 9 kg 碳铵。同时，在添加氮素时要注意将尿素（硫酸铵或碳铵）加水稀释 100 倍，在堆肥第1次加水前，用喷壶或喷雾机均匀喷洒在干物上面，用铁锨或耙搅拌均匀，使物料尽量吸收含氮素的水分，不易造成氮素的流失。

添加水分：水分是微生物新陈代谢的必要条件，微生物的生长、繁殖离不开水分，运输养分、溶解小分子有机物离不开水分。一般堆肥的相对水分含量要求为50%～70%，最好能达到60%以上。粉碎的枸杞、葡萄枝条吸水能力差，在加水时虽然堆料表面已被浸湿，堆料外已有大量的水流出，看上去堆料持水已达饱和，其实水分还未进入堆料颗粒内部，堆料的水分含量尚达不到堆肥的要求。如果再继续加水，水分也不能有效地达到堆料颗粒内部，而造成水分的继续流失。解决这一问题的有效方法是采用二次加水的方法。在第1次加水1 d后进行第2次加水。在堆肥原料一头，刨出一少部分堆料并加水，用铁锨、耙将堆料和水充分翻搅均匀，堆在一头。以后再继续刨出一少部分堆料，不断地加水翻均，直到所有堆肥原料搅拌湿，这样堆肥全部充分加水完毕。

添加发酵剂（菌种）：自然环境和堆肥原料本身含有大量的微生物，但是在堆肥过程中还要加入堆肥发酵剂。首先，添加堆肥发酵剂可缩短堆肥发酵周期，对于微生物不易分解的木质素、纤维素含量较高且质地坚实的枸杞、葡萄枝条粉碎堆肥原料尤为重要。其次，堆肥发酵剂中有益微生物，通过高温和微生物平衡，抑制堆肥原料中的有害病菌和虫卵。将富含有益微生物的堆肥施入土壤后，可在土壤中大量繁殖，能消除土壤板结、改良土壤结构、提高土壤肥力。

添加发酵剂：将堆肥发酵剂（液体）用水稀释50～100倍。在堆肥原料第2次加水后，将堆肥原料平铺于地面，宽1.5～2 m、长度3～5 m、厚20 cm，在堆肥原料上用洒壶或小水泵喷洒稀释的堆肥发酵剂，然后在其上铺一层堆肥原料，厚20～30 cm，再喷洒堆肥发酵剂，如此一层层直到堆高达到1.5 m。

覆膜与揭膜：在条垛堆好后，在上面覆盖塑料薄膜，四周用土压实，这样就完成了堆肥程序。静态条垛式堆肥采用一次建堆，堆肥过程中不进行翻堆，属于低温堆肥。一般情况，特别是在水分充足的条件下堆肥温度不会过高。但在炎热夏天，当堆温超过70℃时，应当揭开条垛上面覆盖的塑料薄膜以降低温度，防止温度过高。

一般情况下，采用以上程序进行堆肥，8个月后就可完成腐熟过程。可先从外观上判断其腐熟程度。例如，堆肥呈褐色、手握湿时柔软而有弹性、干时易破碎，堆肥体积较原堆肥缩小2/3左右，都是充分腐熟的标志。同时，还要测定其物理化学指标，如堆肥温度同外界环境一致，不再有明显的变化，堆肥中淀粉含量应该为0，pH值为8～9。通过检测符合标准则可施入大田，没有完全腐熟的进行下一轮堆制。

3. 功能膜有机废弃物生物发酵技术

功能膜有机废弃物生物发酵技术可以将切断的园林枝条、果枝等有机废弃物和养殖固体粪污，在膜下进行好氧堆肥发酵腐熟，发酵过程无废气排放；发酵后的产品可以用作育苗基质和食用菌基质，实现农林有机废弃物的无害化和资源化，提高宁夏地区农业有机废弃物的循环利用和增值。

功能膜无臭好氧堆肥是一种静态与动态相结合的堆肥技术，兼顾静态与动态堆肥的优点，成功地将堆肥设备、堆肥工艺、堆肥经验完美整合起来，在生产高品质有机肥的同时，还具有运行成本低、防止臭气外溢等优点。采用智能控制技术的功能膜覆盖系统可获得较高的有机物降解率，具有对气候、气溶胶和臭气的综合防治功能。采用该技术的处理厂可以在各种气候条件和地理位置建造，且能快速建成。膜覆盖系统在匈牙利、美国、英国、西班牙、瑞典、意大利、爱尔兰、芬兰、爱沙尼亚、德国和加拿大都有成功应用，被认可为封闭反应器式系统。

功能膜生物发酵系统主要由戈尔膜、卷膜机、鼓风机、通风管道、控制系统及软件系统组成；功能膜生物发酵系统主要在4个方面：功能膜、菌种、通风和控制，与其他好氧发酵系统有明显区别。四者相辅相成，形成独特、经济和有效的高温好氧发酵系统。

（1）功能膜：功能膜生物发酵系统的核心设备是盖在废弃物料堆上的复合膜，用于堆肥的功能膜由被夹持在2层牢固的聚酯膜中间特制的膨胀聚四氟乙烯（e–PTEF）膜组合而成。聚酯膜具有防紫外线和耐腐蚀的特点，e–PTEF膜上均布有0.2 μm孔径的微孔，只允许空气和水蒸气通过，可防止外部雨水进入和内部臭气、病原菌的排出，在较好地满足有机肥发酵需要的同时，能显著降低臭味、VOC等的排放，以实现保护环境的目的。膜结构及功能示意图如图5–6所示。

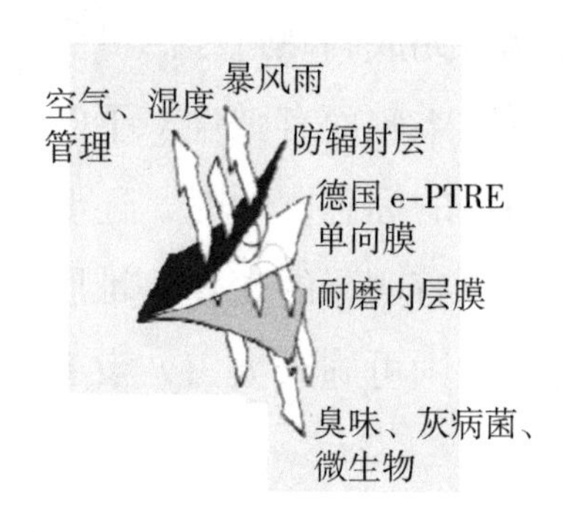

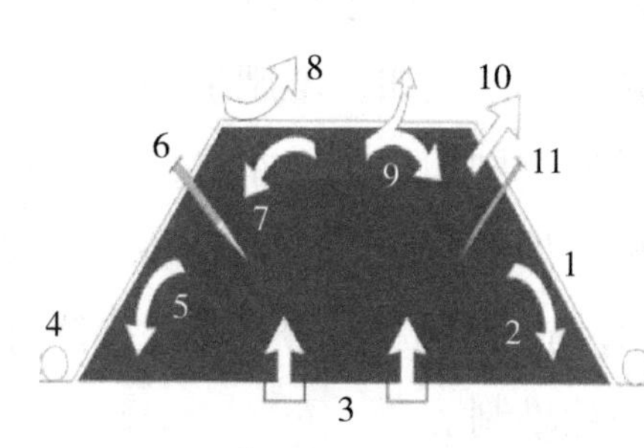

图 5-6　功能膜结构及功能示意

功能膜用于好氧发酵具有以下特点。

一是防水、防风，可遮风挡雨避免恶劣气候的影响。

二是膜的透水性影响处理过程水分的变化，既要防止物料过湿，又要保留充足的水分以便物料的降解。

三是功能膜具有一定的绝缘作用和增压作用，能帮助系统保持温度，使料堆中的氧气浓度和温度分布均匀，有效提高整体发酵温度，高温阶段堆体温度从普通好氧发酵的 60 ～ 65℃提升至 75 ～ 80℃，有利于整个堆体都达到杀灭病原体的温度条件。

四是功能膜有分子过滤微孔结构，微生物、臭气无法通过，据相关测试数据显示，覆盖膜能将臭气浓度降低 90% ～ 97%，使排气中的微生物减少 99% 以上，能保护现场工作人员和周围居民的健康。

五是在处理过程中，膜的内表面会生成 1 层冷凝水膜；尾气中大多数的臭气物质，如氨气、硫化氢、VOC 等，都会溶解于水膜中，之后，又随水滴回落到料堆上继续被微生物分解。减少营养物质尤其是 N 素的散失，提高堆肥品质。

六是膜覆盖能将渗滤液与降水分开。渗滤液由 1 套沟槽系统收集，可以被储存和回灌；而降水被覆盖膜遮挡分流，可以根据当地法规收集利用或排放。

（2）发酵菌种：有机固废的高温好氧的发酵过程实际上就是有机固废中微生物的发酵过程。好氧条件下，堆肥物料中的可溶性有机物透过微生物的细胞壁和细胞膜被微生物吸收；固体和胶体有机物质先附着在微生物体外，由微生物分泌胞外酶将其分解为可溶性物质，再渗入细胞。微生物通过自身代谢活动，使一部分有机物被氧化成简单的无机物，并释放能量，使另一部分有机物用于合成微生物自身细胞物质和提供微生物各种生理活动所需的能量，使机体能进行正常的生长与繁殖，保持生命的连续性。

堆肥中的微生物在分解过程中产生大量的热，这种高温对快速分解是必需的，而且有利于破坏杂草的草种、昆虫的幼虫、有害细菌等，并能抑制某些疾病的滋生，避免这些疾病产生有害微生物阻碍植物的正常生长。同时，微生物利用纤维素酶、木聚糖酶、淀粉酶、蛋白酶、分解木质素的酶等从纤维素、半纤维素、蛋白质、淀粉和其他碳水化合物中向堆肥释放糖分。目标菌在堆肥中的生长加强了，就能有效抑制杂菌生长，从而防止产生臭味和致病菌等有害物质。

“功能膜生物发酵技术”由于功能膜的绝缘、增压作用，在发酵过程的高温阶段堆体温度从普通好氧发酵的 60 ～ 65℃提升至 75 ～ 80℃，将比普通好氧发酵更大程度地杀灭活病原体、虫卵和杂草的草种，但同时也对发酵微生物的高温活性提出更高的要求。

（3）通风：为了满足好氧微生物对氧气的基本需求，采用中压、高压通风机向底座的通风沟鼓风。覆盖膜具有增压作用，使布气更均匀，气流穿透力增强，所需通风量减少。

一般用一台风机为一个料堆通风供氧。处理量越大，通风布风系统越经济。

（4）控制：在处理过程中，根据料堆中的氧气浓度和发酵温度控制通风，主要控制通风量和通风时间。所需氧浓度和温度信息用不锈钢探头插入料堆中测定。数据传入计算机及时反映处理过程现状并记录在案，处理过程可以实现遥控。

一般采用温度控制，将微生物的活性维持在适当水平，即设定控制温度，当测试值低于控制温度时，加大通风供氧，增强微生物活性，增加产热量；相反，当测试值高于控制温度时，减少通风供氧，降低微生物活性，使温度回落。

功能膜生物发酵系统工艺流程和发酵工厂操作流程如图 5-7 和图 5-8 所示。

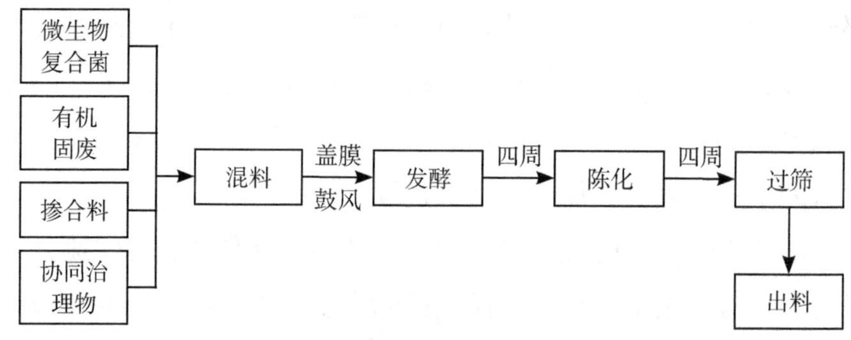

图 5-7　功能膜生物发酵系统工艺流程

图 5-8　发酵工厂操作流程

功能膜发酵技术介于开放式堆肥和封闭式堆肥之间，结合了 2 种系统的优势。它的简单与灵活类似于开放式堆肥，但是，膜盖层为分解提供了与封闭式设备相同的控制条件。这种堆肥系统的一系列技术细节有助于减少臭气排放和氨的流失，有助于提高有机肥氨含量，提高有机肥品质。

本系统有机固废与掺合料先经机械均质预处理，即混合并分散为成分、含水率和粒径基本一致的颗粒，然后用装载车或输送机送往通风发酵场地堆置成高 3 m，最宽 8 m，最长 50 m 的堆体，其中铺 2 根氧气通风管道，气孔按高压均匀布气原理设置。

建堆后，立即用膜覆盖堆体，将测试探头插入料堆预定位置，使用 5 点温度传感器和压力传感器实时监控堆体中的温度和氧气变化，并由此调节风机送风量。由于本系统采用低压通风，整个发酵过程平均每吨处理量仅耗 2 度电。

同时，膜覆盖提供了密闭空间，膜、传感器、控制系统与风机配合，对堆体温度、湿度控制起到很好的调节作用。整个堆体温度超过国标要求，甚至可达到80℃。良好的温度与湿度控制为微生物的生长提供了适宜的环境，使得有机物分解与腐熟得以充分进行。

发酵地面向入口倾斜，坡度1%，将发酵过程中产生的少量渗滤液经通风管道收集后，在原料混合过程中进行回喷。无须渗滤液处理装置。

盖膜可人工操作，但有多种机械化的辅助手段方便盖膜和收膜，如卷膜机。盖膜后需固定膜。

一是可用沙袋压紧膜的四边密闭堆体。

二是用消防水管环绕料堆并充满水。

三是发酵场地构筑物的墙可做成1.2～1.5 m高、圆弧顶，使膜与墙顶贴合起密闭作用。膜的周边设吊环孔，以便悬挂重物后拉紧并固定膜。可用焊接挂钩的钢管作为垂吊重物。可在外墙上设挂环，与膜的吊环孔相配合，以便用绳索或挂钩固定膜。

盖膜的机械化操作主要有2种方法。

一是利用一部安装在前端墙上的卷膜机，用于铺盖几条相互邻接的条堆。

二是较大规模的设施用移动式卷膜机，跨在条堆上缓慢移动，膜布缠绕于卷轴之上。

盖膜固膜后，即可启动膜覆盖好氧发酵系统。一次发酵周期为28 d。28 d后打开堆层，里面的易降解有机物基本被降解。此时，要做的是拔去测试探头，将膜卷回。可用装载车（铲车）出料，送往陈化仓陈化处理4周，处理过程完成。

（四）案例分析

我国西北地区的葡萄栽培面积在不断地扩大，但长期以来单一的种植模式使得林地间隙一直闲置。葡萄架下绝大多数的光照为散射光，适合食用菌对光照条件的要求，同时光合作用释放出大量氧气为食用菌的呼吸提供了原料。另外，叶片长成后，荫蔽度加大，地表蒸发减少，起到了保湿降温作用，这些为食用菌的生长创造了较为理想的条件。西北地区低温干燥的自然环境为培养优质菌菇创造了得天独厚的自然环境。部分地区的实践证明，葡萄种植同食用菌高效结合与循环利用，不失为一条调整农业产业结构和农民增收致富的途径。

江苏省最大的鲜食葡萄生产基地是句容市，该地葡萄的栽培面积为33 hm^2。每年修剪的枝条总量达到7 500 ～ 10 000 t，是葡萄生产的主要废弃物之一。2016年，在市农委牵头指导下，句容市润民食用菌专业合作社与句容市致富果品专业合作社等单位合作，积极探索葡萄枝条全资源利用途径，开展了避雨葡萄＋香菇立体循环栽培模式应用示范，取得了显著成效。该模式利用葡萄枝条为原料制作培养料栽培香菇，香菇采收后菌包废弃物作为有机肥还田，实现葡萄枝条全资源化利用；将菌包在葡萄冬春空闲季节置于避雨葡萄架下，充分利用避雨大棚设施，辅助拱棚，能够满足香菇生长发育需要，实现一园多收。主要技术流程包括以下方面。

1. 葡萄枝条制作菌包

枝条粉碎：冬季修剪的葡萄枝条质地硬脆，较易粉碎，适用于小动力菇木粉碎机。小型枝条粉碎机的配套动力为220 V普通电源，就能够把葡萄枝条粉碎成颗粒，每小时的加工能力为2 000 ～ 3 000 kg。

原料配比：将葡萄枝条粉碎成0.1 ～ 3 mm的颗粒状，按葡萄枝屑50%、杂木屑31%、麦麸18%、碳酸钙1%配方混合，加水至含水量50% ～ 60%。

菌包制作：利用全自动拌料—上料—打包—扎口一体机制作长45 cm、直径15 cm香菇菌包，经过常压灭菌（锅内温度100℃，8 ～ 10 h）或高压灭菌（锅内温度为130℃左右，压力为1.5 ～ 2 kg/cm^2，90 ～ 120 min）后，放入无菌室冷却再接种，接种打穴器直径为1.5 cm，每个菌包均匀打4 ～ 5个穴洞，把香菇菌种迅速塞满穴洞，即以菌块代替胶布封口。接种后在无菌室培养40 ～ 50 d，菌丝发满袋料。

2. 葡萄架下栽培香菇

大棚规格：选择周边无污染源的避雨葡萄棚架，最好选择美人指等欧亚种的钢架结构大棚，标准棚跨度6 m，内植2行葡萄，行距2 ～ 3 m，中间沟宽为30 ～ 50 cm，大棚中间高度为3 m。

环境整理：冬季香菇的虫害较轻，由杂菌引起的病害是影响香菇生产的重要原因。因此，棚室内及周围环境要保持干净整洁，大棚内地面要撒施石灰粉吸潮消毒。

菌包摆放：转色后的菌包于当年 10 月底进棚，沿大棚内两行葡萄之间的排水沟及两侧，呈交错斜放，单层堆放 1 500 个菌包。

搭建拱棚：拱棚宽为 1.8 m，高为 80 cm。用塑料薄膜扣棚，香菇是需光性真菌，强度适合的漫射光是香菇完成正常生活史的一个必要条件。但是，菌丝生长不需要光线，光线强烈时需加盖黑色遮阳网覆盖。

3. 环境因子调控管理

温度管理：香菇是低温和变温结实性的菇类。香菇原基在 8 ～ 21℃分化，在 10 ～ 12℃分化最好。子实体在 5 ～ 24℃发育，8 ～ 16℃为最适。子实体发育期较低温度（10 ～ 12℃）下，菌柄短、菌肉厚实、质量好。在恒温条件下，香菇不形成子实体。温差控制在 10℃左右最好。白天可利用大棚自然保温，早晚辅助遮阳网覆盖拱棚，即可满足温度要求。

水分管理：如果菌丝萌发期菌包的含水量过高，也会影响增温，不利于菌丝生长，最适含水量为 50%。干旱条件下菌丝生长极差。在子实体形成期，菌包含水量保持 60% 左右，空气湿度 80% ～ 90% 为宜。

光照管理：香菇是需光性真菌，强度适合的漫射光是香菇完成正常生活史的一个必要条件。但是，菌丝生长不需要光线。香菇原基光照不足会徒长影响品质，香菇子实体的分化和生长发育需要光线。没有光线不能形成子实体，因此在子实体发育期间，保持冬季充足光照，白天应揭开拱棚上的遮阳网。

空气管理：香菇是好气性真菌，氧气不足对菌丝体的生长繁殖和子实体的发育都有抑制作用。香菇子实体生长期的需氧量更大，二氧化碳的排放量也多，当二氧化碳的浓度达到 1% 以上，子实体生长受到抑制甚至畸形；当二氧化碳浓度超过 5%，子实体不能生长。因此，白天要保持经常通风。

采收管理：当香菇菌盖直径达到 4 ～ 6 cm 时，菌盖下的内菌膜刚刚破裂时，即可采收。当内菌膜完全破裂时应及时采收。如果太早或太晚都会影响香菇的产量和质量。每采收完一潮香菇后，可以往菌袋上喷洒营养水，覆盖薄膜保温保湿，培养 5 ～ 7 d 萌发新的菌丝。

4. 立体栽培模式的副产物循环利用

葡萄枝屑：以葡萄枝屑替代部分杂木屑制香菇菌棒，不仅减少了废弃物的环境污染，而且变废为宝，降低了香菇的生产成本，为农业废弃物的资源化开发利用提供了新途径，丰富了食用菌栽培原料的来源，有利于食用菌产业的可持续发展。

香菇菌棒：废弃的香菇菌棒以基肥的形式施入葡萄园中，可以有效促进葡萄营养生长，新根的生长，提高葡萄的产量和品质，提高土壤中有机质、速效氮、速效磷、速效钾的含量及土壤 pH 值，降低土壤容重。

三、以水资源循环为核心的循环农业模式——“节水灌溉—水肥一体化—投入减量与精准化/农业管理措施—污水尾水再利用”

（一）模式概述

该技术主要的思路是以节水减污为核心的农业清洁生产循环模式，将防治重点放在源头和过程两个方面，尽量让投入农田系统中的养分被作物高效吸收利用并最大程度减少养分流失进入水体。源头是指农田生产中的肥料使用上要高效，通过节水省肥技术、水肥一体化技术、测土配方施肥、与机械配合等实现减量投入与精准化；在水的使用上，以作物生理生态需水规律为原则，实施科学合理灌溉，避免水资源的浪费。过程控制一方面要聚焦农作物生产全过程，基于作物生长需水需肥规律，将标准化、规范化的各项水肥投入技术与良好的农艺管理措施相结合，促成水分养分资源高效利用；另一方面，要从农田尺度上升到流域尺度，将农作物种植结构的优化布局与农田水肥利用高效化的灌排体系建设相结合，使灌溉体系在保留灌排基本功能的同时，还能够通过闸坝基础建设、水窖建设等实现坡地径流水、农田退水的储存与再利用，进而实现水分养分在农田尺度的小循环和在区域或流域尺度的农作系统的大循环，为农业清洁流域的目标达成提供保障。例如，西北地区的雨水收集及再利用技术、坡地径流收集与再利用技术、稻田排水的梯级利用技术、农业退水收集及他用技术、深浅沟技术等。技术模式如图 5-9 所示。

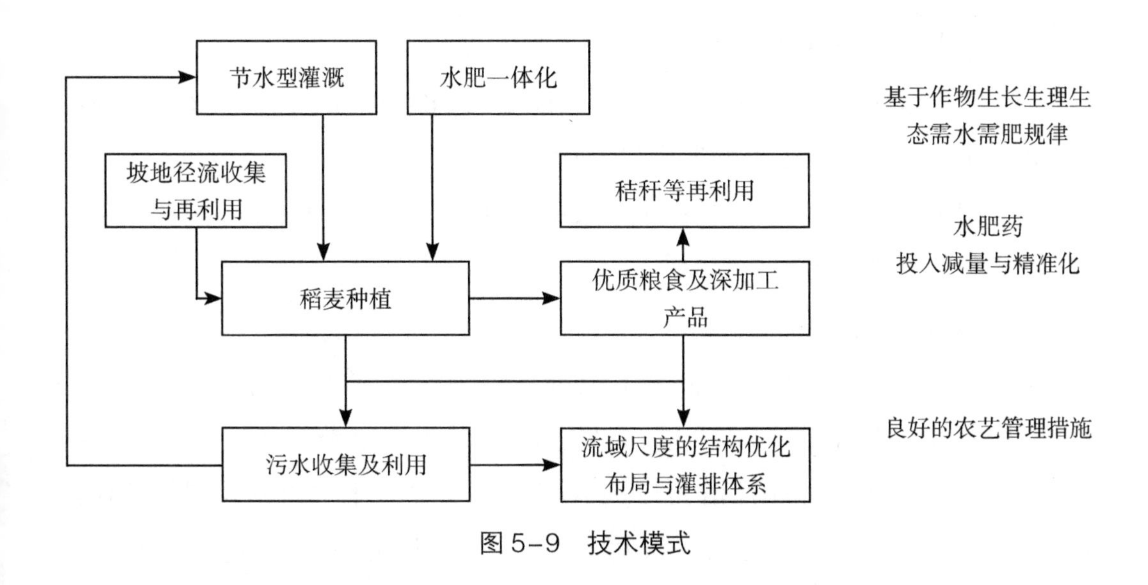

图 5-9 技术模式

（二）物质循环情况

1. 节水灌溉水量估算

推广免（少）耕播种、试点休耕轮作等农艺技术，推行节水设施建设等措施，推广抗旱作物品种，进一步挖掘农业节水潜力，加快田间灾害预警、高效节水灌溉工程建设。对于具备一定规模的集中连片区域采用 PPP 模式，实现建管一体化运行管理，实现农业高效节水。相关材料显示，采用节水灌溉模式每亩麦田需水约 30 m^3，传统灌溉每次需水 60 m^3；对蔬菜来说，从菜苗下地到收菜每亩地需要灌 10 次水，每次 70 m^3，较传统地面灌溉节省 90 m^3。

2. 水肥一体化减肥减水量计算

以覆膜、喷灌、滴灌技术为基础，将灌溉和施肥融为一体，根据土壤墒情、作物需肥规律以及局部气候变化等因素，开展水肥一体化灌溉施肥技术试验，探索智能控制、物联网等设备在水肥一体化上的应用，形成小气候区域灾害预警、水肥一体化灌溉施肥和生物可降解地膜的新技术、新产品。

以小麦为例，小麦需施 4 次肥，底施复合肥（$N:P_2O_5:K_2O=20:18:6$）40 kg，费用 70 元 / 亩，追施液体肥（$N:P_2O_5:K_2O=200:20:60$）3 次，每次

用量分别是 5 kg、4 kg、3 kg，单价 5 000 元 /t，费用为 30 元 / 亩，肥料合计投入 100 元 / 亩，若用传统的方法需施加普通肥，费用约为 160 元 / 亩。

3. 退水收集及利用量估算

宁夏地区全年灌溉区的退水量可达到该区引水量的 40% ～ 60%，按 50% 的退水量计算，则每亩小麦的退水量可达到 15 m^3。

根据相关资料，我国春小麦灌溉水的利用效率为 0.8 kg/m^3。因此，每亩小麦灌溉水的退水利用量为 12 m^3。

4. 成本效益计算

水肥一体化模式：1 台施肥罐 1 天可浇地 10 亩，合计用电 35 kW·h 左右，平均每亩地用电 3.5 kW·h，1 次浇水 1 亩地用电费 2 元。小麦全生育期用药和打药方式与普通种植大户基本相同，水肥一体化的模式肥料费用约为 100 元 / 亩。人工费用 1 人 1 天可辅助铺设 2 亩地；1 天 1 人可同时管理 3 个施肥罐，一次浇水 5 h 即可满足作物用水量，合计 1 人 1 天可浇水冲肥 30 亩。

传统模式：采用机械浇水机械喷灌 1 台 1 天喷灌 20 亩，采用移动喷灌机，根据使用年限和平时消耗预估每亩地的消耗约为 160 元；电费为 4.8 元 / 亩；肥料使用普通肥料，费用为 160 元 / 亩；合计费用为 324.8 元。普通种植大户人工浇水，1 人 1 天可浇地 5 亩，机械喷灌机 1 人 1 台 1 天可浇地 20 亩。

若按照每人每天 200 元估算，水肥一体化相比较传统模式每亩农田可节省 228.8 元。

（三）接口技术

接口技术是链接循环农业各个环节的技术，链接得好才能确保物质与能量循环顺畅、利用高效。水肥一体化和测土配方技术等可以有效提高肥料的利用率，实现稳产高产，还能改善农产品质量，是一项增产节肥、节支增收的技术措施。

1. 水肥一体化

水肥一体化技术就是利用灌溉系统向农作物进行水和肥的同时施入，使农作物同时得到水分和养分的供给。通常是将灌溉与施肥系统融合为一个整体，在压力的作用下，将可溶性肥料溶于灌溉水中，通过灌溉管网将水和肥同时喷洒在作物叶面或滴灌到农作物根系附近，提高植物根系水分和养分的吸收效率，有利于植物的快速生长，有助于提高农作物的产量和质量。农民可通过观察农作物的实际生长情况，确定合理灌溉量与灌溉时间，具有节水、节肥、高产、省工、环保等优点。

目前，我国已有的水肥一体化技术主要有以下几种模式。

滴灌水肥一体化技术：将具有一定压力的水肥，通过灌溉管道与安装在毛管上的滴头，将水与肥缓慢均匀地滴灌在作物根系附近的灌水方法。其优点是节水、节肥、省工，不破坏土壤结构，提高农作物品质、增产增效。缺点是滴灌头容易阻塞、可能造成滴灌区盐分的累积，影响作物根系的发展。滴灌水肥一体化技术可实现节水 50% 以上、农作物增产 20% 以上、水产比提高 80% 以上、农药化肥使用量减少 30% 以上，对提高肥料的利用率和保护环境有重要作用。

微喷灌水肥一体化技术：水肥以较大的流速由低压管道系统的微喷头喷出，通过微喷头喷洒在土壤和农作物表面。其优点是水肥的利用率高、节水节肥、灵活性大、实用方便、可调节田间小气候。缺点是对灌溉水源水质要求较高，必须对灌溉水进行过滤，田间微喷灌的喷头易受杂草、作物茎秆等杂物阻塞，而喷洒质量、灌水均匀度受风影响也比较大。李娜等人研究发现，微喷灌水肥一体化技术，比常规施肥亩小麦增产 36.35 kg，增产率为 7.80%，显著提高了小麦产量。

膜下滴灌水肥一体化技术：使滴灌和覆膜技术协调、合作，将滴灌管道铺设在膜下，通过管道系统将水肥送入滴灌带，滴灌带设有滴头，使水肥不断滴入土壤中直至渗入作物根部。其缺点是灌溉器容易阻塞，会导致浅层土壤盐分积累，限制根系的发展，高频率灌溉要求水电保证率高。吴晓红等研究发现，膜下滴灌水肥一体化技术对提高马铃薯的产量和品质具有显著作用，使氮、磷和钾肥的利用率分别达到 54.6%、30.7%、63.9%，马铃薯产量达到 39.7 t/hm^2，明显高于传统的施肥方式，极大地提高了肥料的利用率。

水肥一体化施肥设备主要有文丘里施肥器、比例施肥泵、压差式施肥罐等。

文丘里施肥器：当水流由管道的高压区向低压区流动时，经过低压区的文丘里管道喉部时流速加大、压力下降并形成负压，储肥桶的肥液通过小管经细管吸入管道之中进行灌溉施肥。文丘里施肥器的特点是结构简单、成本低。

比例施肥泵：以泵内流动的压力水为动力，泵内的水带动其内部的活塞和连杆，将水肥溶液吸到内部并溶解到水中。此装置在做活塞运动将水排出去的同时，容器底部里的溶液肥料通过导管均匀、连续不断地吸入水流中。比例施肥泵的结构科学，施肥过程溶液浓度稳定、精确度高、操作简单。

压差式施肥罐：一般由储液罐、进水管、供肥液管、调压阀组成，其工作原理是通过调节调压阀使施肥罐的进水管和排液管之间形成压力差，使一部分水通过水管流入施肥罐的底部，施肥罐的肥料溶解后，在压差的作用下，最后水肥溶液通过灌溉管道排出。压差式施肥罐的优点是容易加工制造、制造成本低、不需要外加动力设备。缺点是肥料溶液浓度变化较大、不容易控制、施肥罐的容积有限、反复添加液剂烦琐、浪费大量人力。

现阶段，我国水肥一体化技术仍存在着设备精度低、规格少、缺少精密专业职能产品、缺少相关技术人才、投资高、回报周期长等多种问题。因此，我国应该加大在政策和资金扶持力度，积极开展农民和相关技术人员的培训，在引进国外设备和技术的同时，加大自主研发力度，提高过滤器、施肥器等零部件的性能，加紧研发水肥一体化相关设备，提高设备的精度，研发出适合我国国情的水肥一体化控制系统，推进水肥一体化技术本土化、轻型化和产业化，促进我国水肥一体化技术推广。

2. 污水（畜禽舍水冲液）还田

粪污还田作肥料是一种传统的、相对经济有效的处置方法，可以使畜禽粪尿不排向外界环境，实现零排放。将粪尿、冲洗水施于土壤中，通过土壤微生物和植物的作用，可以将粪尿中的有机物质分解转化成稳定的腐殖质以及植物生长因子，将有机氮磷转化成无机氮磷，供植物生长利用，从而减少化肥的使用。施用的粪污能帮助维持并提高土壤肥力、改善土壤特性、增加土壤持水能力、减轻风蚀和水蚀、改善土壤通透性、促进有益微生物的生长。这种模式适用于远离城市、经济落后、土地宽广、有足够的农田消纳养殖场粪污的地区，特别是种植常年施肥作物，如蔬菜、经济类等作物的地区。人工将干粪（或吸收粪尿垫草）清扫出畜舍，清扫出的干粪外销或堆沤后生产有机复合肥。用少量的水冲洗畜舍中残存的粪尿并储存于贮粪池中，液态粪尿和冲洗水经厌氧发酵后用作种植青饲料的肥料或供周围农户肥田利用。

该模式的污水处理工艺流程：污水生态还田工程建设前，奶牛场固体粪基本能达到利用，而污水缺乏行之有效的处理，主要通过污水储存池蒸发下渗作用得以消纳，降雨期间污水溢出漫流的问题突出。污水生态还田工程实施后，场区污水先经格栅以去除大的悬浮物，然后经厌氧消化处理系统处理后进入污水储存池（防渗）备用。在不影响农田耕作的情况下，考虑投资及运行管理因素，选择安装压力喷灌系统作为液肥还田方式。液肥还田时，污水从储存池进入集水井，并通过污水提升泵压力输送至田间液肥灌溉栓，再通过水带，沟渠等设施适用于农田（图 5-10）。

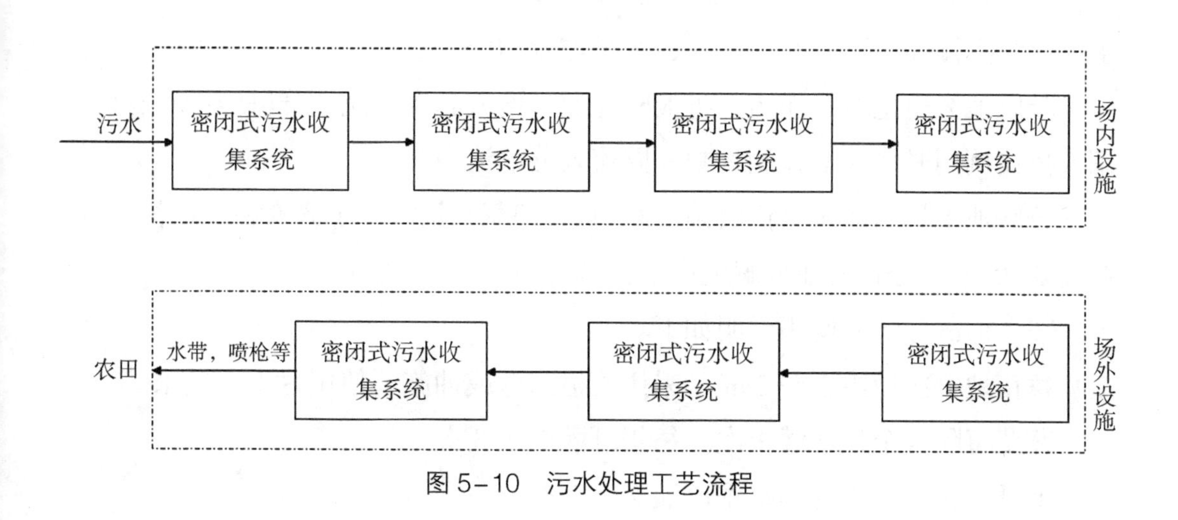

图 5-10　污水处理工艺流程

3. 沼液分解灌溉技术

沼液分解灌溉技术利用微生物快速分解技术，将沼液通过以下工艺分解后直接还田，解决了沼液还田还需要用水稀释的问题，同时提高了处理后沼液的肥料利用价值。

（1）工艺路线见图 5-11。

（2）沼液分解池设计说明如下。

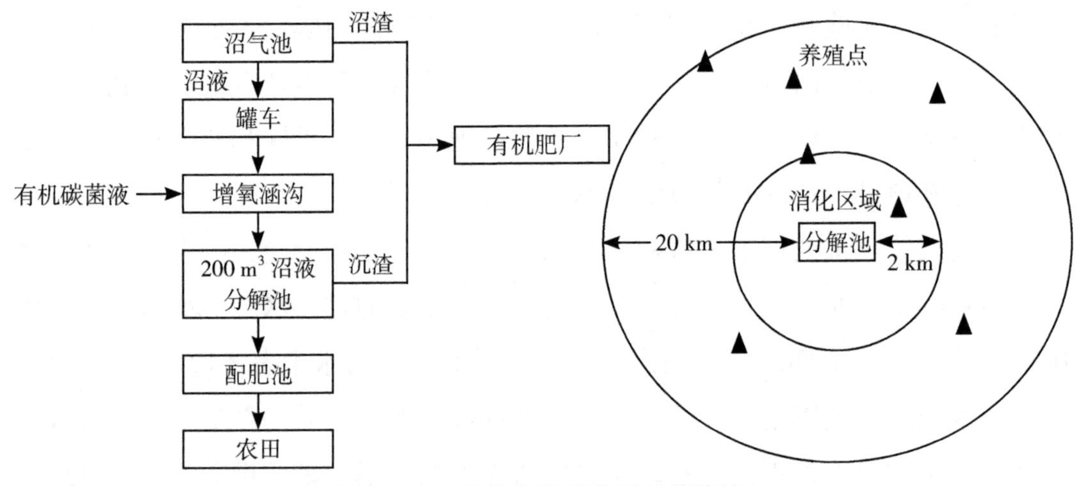

图 5-11 沼液有机碳分解工艺路线

分解池建于田间地头，采用黑膜铺底，上层盖塑料大棚。池子规划 10 m×10 m×（2 ～ 2.5）m，需要黑膜 250 ～ 300 m^2，每平方米 30 ～ 40 元；上层塑料大棚加白膜需要 100 m^2，每平方米 10 ～ 15 元。

分解池旁边挖增氧涵沟，进液时先通过增氧涵沟再流入分解池中。有机碳菌液按比例同时加入增氧涵沟中一同流入分解池中。

分解池中均匀加入有机碳菌液 0.2%，即每吨沼液需加入有机碳菌液 2 kg，约需要 25 元。分解液在分解池中的分解时间为 12 ～ 15 d。

（3）沼液分解液使用说明如下。

每亩地每次使用 2 ～ 3 m^3，采用管道灌施或冲施，使用时不再兑水。

蔬菜每隔半个月可灌 1 次。每年可灌 7 ～ 8 次。

地瓜、花生、小麦等每季可灌 2 ～ 3 次。

果树每年可灌 4 ～ 5 次。

鱼塘肥水时使用，每年可灌 10 ～ 12 次。

（4）成本分析如下。

从养殖户到分解池运输费用由养殖户负担。

政府补贴人工费、运营费，可定每立方米 10 元。

卖给种植户每吨 30 ～ 35 元。

农户要求增加部分其他营养采用专门配肥后出售，增加相应成本售价。

（四）主要案例

水肥一体化集成模式示范项目区示范推广以“测墒微喷水肥一体化技术”“水肥一体化物联网技术”等技术为主的综合高效节水技术模式，并在项目区和非项目区设置土壤墒情及肥力监测点，开展了小麦微喷施肥试验，通过试验与示范相结合、定点监测与动态观察相结合，进行多项技术的集成应用研究，取得了显著的经济、生态和社会效益。

1. 技术模式

土壤墒情监测：在示范区设立 20 个固定的土壤墒情监测点。按照“三统一”（统一时间、统一技术、统一方法）原则，在小麦全生育期开展土壤墒情监测，每月 10 日、25 日取样测定（如遇一般降雨，则在雨后 3 d 取样；遇大雨，则在雨后 5 d 取样；取样日前后遇雨则不取样）。取样深度为 0 ～ 20 cm、20 ～ 40 cm、40 ～ 60 cm，取样地点在项目区小麦田，对照区地块取样作对比。遇到重大自然灾害或关键生育期时，增加监测次数，通过开展墒情监测，为项目区实施科学灌溉提供技术支撑。

微喷灌与施肥一体化：在土壤墒情监测和养分检测的基础上，根据小麦不同生育期的需水、需肥规律以及示范区的土壤肥力状况、产量水平，结合水肥一体化技术节水节肥的特点，制定合理的灌溉与施肥制度。示范区灌水总量较对照区灌水总量减少 30% ～ 40%。拔节前，土壤相对含水量≤ 65% 时进行灌溉，每次灌水量 30 m^3/ 亩；孕穗或灌浆期，土壤相对含水量≤ 70% 时进行灌溉，每次灌水量 30 m^3/ 亩。示范区施肥总量较对照区施肥总量减少 20%～ 30%，适当调整基追肥比例，追肥借助灌溉系统随水施。

灌溉施肥系统组装：示范区田间灌溉施肥系统包括水源、首部设备、输配水管网、灌水器 4 部分。其中水源采用井水。首部枢纽包括灌溉泵站、过滤器、施肥罐及测量装置，根据水源条件选择适宜的水泵；过滤器是对灌溉水中物理杂质的处理设备与设施，选用筛网过滤器加叠片过滤器；根据水源条件建造施肥罐，通过加压注肥泵将肥液注入灌溉管道系统；测量装置包括压力表和流量计，实时监测管道中的工作压力和流量，保证系统正常运行。输配水管网包括干、支二级管道，干管采用 PE 硬管，管径为 100 mm，管壁厚为

5 mm，承压为 0.8 MPa，采用地埋方式；支管放在地面，采用聚乙烯软管，管径为 100 mm，管壁厚为 2 mm，承压为 0.4 MPa ；灌水器采用微喷带，长度为 50 m，间距（1.8 ～ 2.4 m）根据小麦不同生育期适时进行调整。

机械深松耕技术：玉米秸秆粉碎还田后，项目区耕地统一采用深耕深松机进行整地，耕层由原来的 15 ～ 18 cm 加深到 20 ～ 23 cm，然后适当地耙耱镇压，做到上虚下实，既利于播种，又减少土壤水分蒸发，同时还能提高耕层蓄水能力。

玉米秸秆覆盖技术：项目区夏玉米成熟后，先采用机械或人工收获，然后采用大型玉米秸秆粉碎机统一粉碎，秸秆碎度在 10 cm 以下。秸秆粉碎后在田间撒匀，并在秸秆表面亩撒施秸秆腐熟剂 2 kg 以加速秸秆腐熟，秸秆覆盖可有效减少土壤表面水分的蒸发，保持土壤水分。

应用耐旱品种：在项目区统一选用耐旱小麦品种周麦系列、百农系列进行推广，减少耕层水分消耗。

以水调肥技术：在小麦上增施磷钾肥，不仅可以提高产量、改善品质，还能增强小麦抗旱能力。因此，在项目区实施测土配方施肥，适当调节氮、磷、钾的施肥比例，既可以防止作物旺长、减少水分消耗，又可以增强小麦抗旱能力、提高水分利用效率。在小麦生长后期，推广叶面喷施超量磷酸二氢钾技术，预防倒伏和干热风，促进小麦灌浆期生长，增加粒重。

土壤肥力检测技术：在示范区设立 10 个土壤肥力监测点，每季作物施肥前、收获后，每 150 亩取 1 个土壤样品，取样深度为 0 ～ 20 cm。检测项目包括土壤容重、有机质、全氮、速效磷和速效钾等，根据检测结果实施配方施肥。

2. 成效

经济效益：通过项目实施，建立示范区 3 000 亩，完成目标任务的 100%，示范带动 15 万亩。项目示范区较对照区小麦平均亩增产 11.1%，亩增收 149 元。

社会效益：通过项目实施，一是促进了当地水、土资源合理配置及种植业结构调整，对实现农业增效和农民增收、发展现代高效节水农业起到了推动作用；二是有效提高了土壤肥力；三是通过运用测墒微喷水肥一体化技术，有效推动了墒情监测、微喷灌溉施肥、秸秆还田、机械深耕、耐旱品种、配方施肥等水肥一体化集成模式综合技术的推广应用；四是通过开展技术培训和现场示范，提高了示范区广大种植农户的科学种田素质，增强了节水节肥意识，提高了水肥资源利用率。

生态效益：过项目实施，示范区较对照区水分生产效率提高 0.76 kg/m^3；水分生产效益提高 1.56 元 /m^3；水分利用率提高 28.1%；亩节水量为 49.2 m^3，示范区总节水量为 147 600 m^3。从节水效果来看，示范区比对照区显著提高，对改善生态环境、合理利用农业和生态自然资源效果明显。

第六章 循环农业技术模式评价指标体系构建

一、研究背景

一方面，单项技术不能实现农业生产综合目标，需要种养一体化技术集成模式；缺乏对集成技术模式科学规范的评价，根源是缺乏评价指标体系。另一方面，已有的政策更多是分类推动和促进种植业和养殖业的发展，在种养平衡和种养一体化层面，缺乏有针对性的保障政策机制，需要创新支持政策与机制。

党的十七大报告把节约资源和保护环境的基本国策，提到了人民群众切身利益和中华民族生存发展的高度来强调。

党的十八大做出了建设生态文明的战略部署，要求着力推进绿色发展、循环发展、低碳发展。《国民经济和社会发展第十三个五年规划纲要》提出要“大力发展循环经济”“实施循环发展引领计划，推行循环型生产方式，构建绿色低碳循环的产业体系”。而发展循环经济是我国经济社会发展的一项重大战略，是加快转变经济发展方式、建设生态文明、推动绿色发展的基本路径。

党的十九大提出以绿色投入品、节本增效技术、生态循环模式、绿色标准规范为主攻方向，全面构建高效、安全、低碳、循环、智能、集成的农业绿色发展技术体系。

而《农业绿色发展技术导则（2018—2030年）》（以下简称《导则》）中明确提出，要重视循环发展所需的集成技术和模式及产业模式的生态循环，建立绿色发展制度与种养加循环、区域低碳循环的绿色发展模式，实现农业废弃物全循环；强调要按照绿色农业发展要求，完善绿色发展科技创新评价指标，建立促进协同创新的评价机制，建立健全绩效评价制度，更加注重中长期评价，更加注重对成果引领支撑产业绿色发展成效的评价，特别是要开展技术和技术模式的评估与市场准入标准的研究。

其中，针对《导则》以“评价”和“评估”为关键词搜索发现，文中强调评价28次、评估35次（包括监测与风险评估、效益评估、效果评估、产品评估、装备评估、资源评估、标准评估、技术评估、技术生态评估、技术模式评估）。值得指出的是，涉及技术评估9次、技术模式评估4次、技术生态评估2次、技术风险评估2次。而每次评估都对应于市场准入标准研究的衔接。以上表明，只有通过评估，达到一定标准的技术、技术模式、产品、装备等方能准予入市或在农业生产领域大面积地应用。从另外一个层面更说明，在一项技术或技术模式大规模推广应用前，对技术和技术模式开展评估评价的必要性和重要性。

中共中央办公厅、国务院办公厅印发的《生态文明建设目标评价考核办法》，国家发展改革委等部门印发的《绿色发展指标体系》和《生态文明建设考核目标体系》，是建立健全生态文明、建设国家治理体系的重要组成部分，是督促和引导地区推进生态文明建设的“指示器”和“风向标”。发展循环经济是国家经济社会发展的一项重要战略，是推进生态文明建设、实现可持续发展的重要途径。而发展循环农业、构建循环型农业体系是实现循环经济发展和生态文明建设的重要任务。发展循环农业，能从根本上改变高投入、高消耗、高排放、不协调、难循环、低效率的粗放型增长方式，能够系统地聚焦资源利用、环境治理、环境质量、生态保护，在保障农业综合生产能力和促进农业增效、农村增绿、农民增收以及保障增长质量的同时，推动绿色消费和绿色生活，全面支撑农业绿色高质量发展。

因此，有必要根据生态文明建设最新要求，并结合发展循环经济现实需要，提出新的评价指标体系。《循环经济发展评价指标体系（2017年版）》更多地从国家宏观层面和省域层面关注和考察各领域的资源利用水平和资源循环水平。可以这样认为，循环经济指标体系是绿色发展指标体系中资源循环利用领域的具体细化。各省级单位也根据本指标体系原则制定本省级单位的市县级层面的循环经济评价指标体系。各产业园区和行业企业也可针对本园区和行业特点，从能源资源减量、过程及末端废弃物利用等角度制定本园区和企业的特色指标。

就农业产业或农业行业而言，基于农业生态系统涉及水土资源及其生产生态服务多功能性的特点，建立当下所大力倡导的循环农业和循环农业技术模式的评价指标体系非常必要。为了科学地评价循环农业和循环农业技术模式，利用相应的数据信息资料，建立一套设计合理、操作性较强的循环农业评价指标体系和循环农业技术模式评价指标体系，无疑符合国家大力发展循环农业和推广循环农业技术模式的需求。循环农业评价是量化循环农业的主要内容，是判断循环农业发展水平、阶段的依据。评价指标体系可以直接为相关的政府部门提供有关评价对象的信息，形成客观的观点和正确评价，从而为其制定相关法规、政策提供依据。同时，它也可助力循环农业经营主体正确了解所经营的循环农业产业实际发展状况、水平和前景，从而调整、修订、完善自身的循环农业发展计划，最终为循环农业管理和循环农业技术模式的推广及决策参考提供非常重要的支撑。

二、研究目标

基于确立的宁夏循环农业发展模式，结合涉农相关方对模式潜在采纳应用的可行性分析，提出保障循环农业模式推广的政策机制（扶持政策与激励机制等），构建循环农业模式可持续发展的环境经济效果评价指标，为促进宁夏循环农业高质量可持续发展提供政策机制借鉴。

三、循环农业评价指标体系

（一）循环农业评价指标体系的现状

国家发展改革委员会等有关部门早在 2007 年提出的循环经济评价指标

体系（发改环资〔2007〕1815号），由资源产出指标、资源消耗指标、资源综合利用指标、再生资源回收利用指标、废物处置降低指标5个部分组成，为循环经济管理及决策提供依据。不过，为贯彻落实《循环经济促进法》和《关于加快推进生态文明建设的意见》的要求，党的十八大把绿色循环低碳发展作为建设生态文明的基本路径，对循环经济提出了新的更高的要求。有必要根据生态文明建设最新要求，结合发展循环经济现实需要，对评价指标体系进行修正，以科学评价循环经济发展状况。国家发展改革委、财政部、环境保护部、国家统计局2017年修订了2007年版并印发《循环经济发展评价指标体系（2017年版）》。该修正的指标体系，完善了具体的评价指标，调整了指标的适用范围，明确了具体的统计及测算方法。从2007版的印发到2017年版修订版的印发，这些指标体系不仅指导了循环经济发展方向，也大大促进了各行业按照循环经济理念指引的思路、方式和方法去快速发展，进而激励了众多学者围绕循环农业发展效果、进展、模式等评价指标体系与评价方法进行探索。

我国农业循环经济在20世纪初开始发展，针对农业循环经济发展的评价主要是通过建立评价指标体系，以不同的区域为研究对象，从各个研究角度对区域的农业循环经济进行分析和研究。相关学者对村域循环农业结构进行分析，从经济及系统综合性、资源节约性、生产循环性、环境安全性对循环农业的发展进行评价和优化；紧接着，也有研究构建了农业循环经济评价指标体系的分类层指标，包括社会与经济发展指标、资源减量投入指标、资源循环利用评价指标、资源环境安全评价指标4个方面的内容；相关学者运用层次分析法对洞庭湖区的循环农业进行综合评价和分析，采用加权函数对南京市1990年、1995年、2000年和2005年4年的数据进行分析，对农业循环经济发展水平形成综合评价；而在此基础上，在农业循环评价指标体系的分类层中加入了人口系统指标体系的内容。相关学者对宁夏的农业循环经济发展模式进行研究，结合宁夏实际，认为农业循环经济的发展要以一定的生态环境和人口数量、质量为依托，所以要设立环境安全指标和人口系统指标；进一步地，通过分析广西当前的农业环境状况，构建广西县级农业循环经济发展水平评价指标体系，利用层次分析法、极差变换法、加权和综合评价模型获得了2001—2009年广西县域农业循环经济发展综合水平情况；利用层次分析法构建了安徽省循环农业发展水平评价指标体系，对安徽省2001—2011年循环农业发展水平进行了综合评价，考察安徽省中部地区循环农业的发展水平情况；采用了层次分析法构建了河北省农业循环经济发展水平的评价指标体系及评价模型，并利用灰色模型对未来5年河北省农业循环经济发展趋势进行了预测。

部分学者在此基础上不断创新研究视角和思路，为农业循环经济发展评价深化了理论基础。有关学者将经济和社会经济发展指标分开，以山东省作为研究地域，总结提炼出一套农业发展现状评价技术方法，其分类层分为社会发展水平、经济发展水平、资源减量投入、资源循环利用、环境安全质量、人口系统6个方面的内容；从农业循环经济的绩效评价角度入手，分类层指标包括经济效益水平、资源减量化投入水平、废弃物资源化水平、废弃物处理水平4个方面的内容；在研究影响和制约甘肃农业循环经济发展的现实因素过程中，构筑了农业循环经济发展的综合评价指标体系，其指标层的内容则设立为产出指标、投入指标、利用指标和外部效应；在前人的研究基础上，科研人员采取德尔菲法构建了湖北省农业循环经济发展效益和发展水平的评价指标体系，根据数据可得性等因素将指标层内容设立为社会经济条件、资源投入条件、资源循环利用条件和自然资源条件；相关学者基于循环经济的原则，建立了分类层为经济水平子系统、资源效率子系统、设施水平子系统的农业循环经济发展评价指标体系，对新疆第一师的农业循环经济发展水平进行评价；还有采用AHP方法构建区域农业循环经济发展评价指标体系，其分类层包括农业经济发展、资源减量投入、资源循环利用、生态环境和农业产出5个方面的内容，并进一步采用灰色关联分析法构建区域农业循环经济发展的评价模型，对石家庄2000—2015年的农业循环经济发展水平进行了评价；以黄羊河集团公司为研究对象，参照国内外循环农业评价的方法和经验，从经济效益、社会发展和生态安全3个方面分析、论证了黄羊河集团公司的循环农业发展水平。

1. 分类层指标选取与说明

通过文献综述和归纳总结，不难发现，尽管各界学者基于不同的视角和地区开展研究，但是发展循环农业的目标都是利用最少的资源尽可能多地增加农业生产系统的产出，最终实现农民收入水平的提高和减少对生态环境的不利影响。农业循环经济发展评价指标体系必须全面反映资源、环境、经济、社会和人口体系的隶属关系和层次结构的深层内涵。本书基于农业循环经济的内涵和目标，结合我国农业生产实际情况和前人研究成果，将分类指标层归纳为5个方面。

一是社会与经济发展指标。社会经济发展是循环农业发展的基础，循环农业的发展必须以社会经济发展为中心。循环经济是经济发展的一种形式，而社会和经济发展是其中心和目的。发展循环农业还可以更好地发展农业经济、提高农业资源利用、解决农村环境问题、增加农民收入、改善农村生活水平，最终促进农业经济健康快速发展，使农业获得可持续发展。

二是资源减量投入指标。资源减量原则是发展循环农业的基本原则。它是在增加资源产出率的同时减少农业经济活动中原材料和能源的消耗。它要求在生产过程中，通过改进管理和技术节约资源、提高资源利用效率，减少甚至消除污染物排放，并使经济的可持续增长与生态环境相适应，最终达到减少环境污染的目的，实现农业的可持续发展。

三是资源循环与综合利用指标。此类指标用于反映农业生产过程中资源和废弃物的回收程度，以及是否遵循循环使用和重新思考的原则，主要关注从农业生产系统输出端的农业生产要素及资源回收利用。因此，资源循环利用的目标是提高资源的再利用率，积极发展废弃物的循环利用产业，从根本上控制污染。

四是资源环境安全指标。此类指标反映了生态承载力和农业生产对生态环境的压力，衡量农业发展对生态环境和资源安全的影响。科学合理地利用自然资源，可以在环境承载力内提高农业经济的发展，改善环境质量不但是发展循环农业的目的，而且是发展循环农业经济的内容。

五是人口系统指标。除了环境资源和资金的投入，循环农业发展中最重要的组成部分是人力资源投入的比例，高素质的农业从业人才和农业科技人员在发展循环农业经济中发挥着重要作用。

2. 单项指标层选取与说明

我国幅员辽阔，由于各地自然地理、人文、风俗的差异，导致农业循环经济发展的模式逐渐多样化和复杂化。考虑评价指标的充分性、可行性、稳定性、必要性等因素，本书基于选定的分类指标层上，筛选出由多个参评因子构成单项指标层（具体指标层）。

经济与社会发展指标：该指标主要从农业产出水平、农业要素生产率、农业市场化状况等方面对农业经济系统的质量、结构进行概括；从社会的发展水平、农民的收入等方面反映农业社会系统的发展水平和质量状况；用来反映农业循环经济发展过程中实现的社会及经济效益，即系统输出终端的效果（表6-1），共包括11个单项指标。

表6-1　经济社会发展指标

分类	指标	指标释义
经济与社会发展	单位面积农业GDP产值（元/hm^2）	农业GDP产值/耕地面积
	农林牧渔业总产值（亿元）	农林牧渔总产值
	单位畜禽产品率（元/t）	牧业产值/肉类总产量
	农村恩格尔系数（%）	农村居民的食品消费支出/家庭总收入
	农民年人均纯收入（元/人）	农民人均总收入减去农民人均各项费用性支出
	人均粮食产量（kg/人）	粮食产量/农村人口数
	粮食单产（kg/hm^2）	粮食产量/粮食播种面积
	人均农业增加值（元/人）	产值增加值/农业人口数
	农业劳动生产率（元/人）	农林牧渔业增加值/农林牧渔业从业人员
	农机总动力（万kW）	农林牧渔机械总动力
	农业产业结构升级能力指数（%）	农林牧副渔产值/农业总产值

资源减量投入指标：该指标主要揭示区域农业生产系统投入端的现状，从化肥、农药、农膜、农机和农业用电等方面进行考虑（表6-2）。

表 6-2 资源减量投入指标

分类	指标	指标释义
资源减量投入	化肥施用强度（kg/hm^2）	化肥折纯量 / 农作物耕地总面积
	化学农药使用强度（kg/hm^2）	农药使用量 / 农作物耕地总面积
	农膜使用强度（kg/hm^2）	农膜使用量 / 农作物耕地总面积
	农业机械使用强度（kW/hm^2）	农业机械总动力 / 农作物耕地总面积
	农业用电系数（kW/hm^2）	农业用电总量 / 农作物播种面积

资源循环利用评价指标：该指标主要体现农业生产过程中系统内资源循环利用的程度（表 6-3）。

表 6-3 资源循环利用评价指标

分类	指标	指标释义
资源循环利用	化肥有效使用系数（%）	农林牧渔产品总产值 / 化肥折纯施用量
	秸秆综合利用率（%）	秸秆综合利用量 / 秸秆产生总量
	畜禽粪便资源化率（%）	畜禽粪便资源化量 / 畜禽粪便总产生量
	复种指数（%）	农作物播种面积 / 耕地面积
	农膜回收率（%）	农膜回收面积 / 农膜使用面积
	农村户用沼气保有量（个）	户用沼气池保有数量

资源环境安全评价指标：该指标主要反映农业发展中生态环境安全的影响（表 6-4），从农业环境容量和自净能力、农业系统自我恢复能力等方面概括农业生态环境所受的压力和质量状况。

表 6-4 资源环境安全评价指标

分类	指标	指标释义
资源环境安全	森林覆盖率（%）	森林面积 / 土地总面积
	有效灌溉系数（%）	有效灌溉面积 / 耕地面积
	人均耕地面积（亩 / 人）	耕地面积 / 总人口数
	人均水资源量（L）	水资源总量 / 总人口数
	退化土地恢复率（%）	恢复生产力耕地面积 / 退化土地面积

人口系统指标：该指标主要反映人力资源建设对农业循环经济发展的推进情况（表 6-5），尤其是体现区域专业农业人口的数量、结构和质量，以及在自然和社会资源有限的情况下对农业体系发展的支持程度和压力。

表 6-5 人口系统指标

分类	指标	指标释义
人口系统	人口密度（%）	总人口 / 土地总面积
	农林牧渔从业人员占乡村人口的比重（%）	农林牧渔从业人员 / 乡村总人口
	从业人员占乡村人口的比重（%）	从业人员 / 乡村总人口
	初中以上劳动力人口的比重（%）	初中以上人口 / 乡村总人口
	农业科技人员数量（个）	农业科技人员数量 / 乡村总人口

（二）循环农业评价指标设定原则

为系统、全面、科学地衡量循环农业发展水平，在研究和确定循环农业评价指标体系及具体评价指标时，本书遵循如下基本原则。

具体指标的选取参考《循环经济发展评价指标体系（2017 年版）》，结合循环农业产业本身的特点，在充分认识、系统研究的基础上，考虑涵盖循环农业发展目标的内涵和目标的实现程度，体现 3R（资源减量投入、废弃物减量排放、资源循环利用）原则。所选的指标坚持目的明确、定义准确，所用的计算方法必须科学规范，以保证评价结果的真实性和客观性。在考虑设定每个指标的科学性的同时，还必须充分体现指标采集的可操作性。数据来源主要是政府或园区历年的统计数据，选取的指标数值最好能够直接获得或者通过计算、修正后获得。循环农业发展涉及自然资源、生态环境、社会和经济等各个方面，是一个复杂的综合系统，因此必须全面地反映循环农业经济的各个方面，既要反映资源减量投入、废弃物减量排放、资源循环利用，也要反映经济社会的发展水平。同时，应根据系统的结构分出层次将指标分类，使指标体系结构清楚、便于使用。

（三）循环农业评价指标体系构建

循环经济指标体系，是督促和引导地区推进循环农业发展的“指示器”和“风向标”。循环农业指标体系是循环经济指标体系中农业资源循环利用领域的具体细化，同时又是农业绿色发展的主要内容，2 个指标体系有一些指标是重合的，其他一些指标更突出体现农业产业特色。所涉及指标大多着眼于有一定经营规模面积的家庭农场、合作社或企业或区域层面，选取的指标也相应较为宏观。因此，基于 2017 年版循环经济指标体系（表 6–6），结合农业产业、生产、经营全过程主要资源要素循环利用，特构建提出如下循环农业评价指标体系（表 6–7）。

表 6–6　循环经济评价指标体系

分类	指标	单位	指标释义
综合指标	主要资源产出率	元 /t	国内生产总值与主要资源实物消费量的比值
	主要废弃物循环利用率	%	主要废弃物资源化利用率相关指标的赋权平均值
专项指标	能源产出率	万元 /t 标煤	国内生产总值与能源消费量的比值
	水资源产出率	元 /t	国内生产总值与总用水量之比
	建设用地产出率	万元 /hm^2	国内生产总值与建设用地总面积之比

（续表）

分类	指标	单位	指标释义
专项指标	农作物秸秆综合利用率	%	秸秆肥料化（含还田）、饲料化、食用菌基料化、燃料化、工业原料化利用总量与秸秆产生量的比值
	一般工业固体废物综合利用率	%	一般工业固体废物综合利用量占工业固体废物产生量（包括综合利用往年储存量）的比率
	规模以上工业企业重复用水率	%	规模以上工业企业重复用水量占企业用水总量的比率
	主要再生资源回收率	%	废钢铁、废有色金属（铜、铝、铅、锌）、废纸、废塑料、废橡胶、报废汽车、废弃电器电子产品 7 类主要再生资源回收量与产生量的比值
	城市餐厨废弃物资源化处理率	%	城市建成区餐厨废弃物资源化处理总量占产生量的比率
	城市建筑垃圾资源化处理率	%	城市建成区建筑垃圾资源化处理总量占产生量的比率
	城市再生水利用率	%	城市再生水利用量占城市污水处理总量的比率
	资源循环利用产业总产值	亿元	开展资源循环利用活动所产生的总产值
参考指标	工业固体废物处置量	亿 t	指调查年度企业将工业固体废物焚烧和用于其他改变工业固体废物的物理、化学、生物特性的方法，达到减少或消除其危险成分的活动，或者将工业固体废物最终置于符合环境保护规定要求的填埋场的活动中，所消纳固体废物的量
	工业废水排放量	亿 t	经过企业厂区所有排放口排到企业外部的工业废水量
	城镇生活垃圾填埋处理量	亿 t	采用卫生填埋方式处置生活垃圾的总量
	重点污染物排放量（分别计算）	万 t	化学需氧量、氨氮、二氧化硫、氮氧化物及地区环境质量超标污染物的排放量，分别统计

表 6-7 循环农业评价指标体系

分类	指标	单位	指标释义
综合指标	主要资源产出率	元 /hm^2	谷物、水果：产值与农用地面积之比
	主要废弃物循环利用率	%	集成加权指标，主要是农作物秸秆综合利用率 1/3+ 畜禽粪便综合利用率 1/3+ 尾水综合回用率 1/3
专项指标	水资源产出率	元 /t	谷物、水果产值与耗水资源总量指标
	农作物秸秆综合利用率	%	秸秆（秸秆肥料化还田、饲料化、食用菌基料化、燃料化、工业原料化利用总量与秸秆生产量至比）
	畜禽粪便综合利用率	%	畜禽粪便（肥料化、饲料化和食用菌基料化总量与产生量之比）
	种、养、加未经处理和处理后尾水综合回用率	%	循环水、串联水和回用水（不含热力循环水）总量占总排放水量的比例
	资源循环利用总产值	亿元	开展资源循环利用活动所产生的总产值
参考指标	畜禽粪便处理量	万 t	资源化处理总量
	秸秆废弃物处理量	万 t	资源化处理总量
	种、养、加废水排放量	万 t	总废水排放量
	重点污染物的排放量	万 t	COD 排放量 氨氮排放量 总 P 排放量

四、宁夏种养一体化循环农业技术模式评价指标框架体系

党的十九大报告指出，生态文明建设功在当代、利在千秋，是中华民族永续发展的千年大计。农业是国民经济的基础，也是生态文明的重要组成部分。习近平总书记指出，推进农业绿色发展是农业发展观的一场深刻革命。农业绿色发展就是以尊重自然为前提，以统筹经济、社会、生态效益为目标，以利用各种现代化技术为依托，积极从事可持续发展的科学合理的开发种养过程。农

业生产是受自然和经济规律双重决定的特殊行业。绿色发展是建立在生态环境容量和资源承载力的约束条件下，将资源节约、环境友好作为实现可持续发展重要支柱的一种新型发展模式。推进农业绿色发展，就是要让传统种养生产和发展模式向低碳、节能、减排、优质、高效的环境友好可持续发展方式转变。而发展方式的转变离不开技术的支撑，特别是围绕资源高效循环利用的替代技术、减量技术、再利用技术、资源化技术和系统化技术等的支撑。这些技术在循环农业生产实践上可以根据现实需要进行不同的组合或集成，进而形成各式各样的资源循环利用技术模式。为此，为推动和大力促进这些技术模式的广泛应用，有必要先对不同循环农业技术模式以评价的方式优选那些能达到资源高效循环利用目标，且采用更具区域适宜性、轻简性、可复制、易操作的模式去推广。因此，有必要建立一套评价指标体系进行科学评判和界定。

本研究将基于国内外有关农业可持续发展和绿色发展评价指标体系创建经验，围绕我国循环农业生产，聚焦资源节约、集约、循环利用、污染治理和生态保护等重点问题，提出种养结合的绿色循环农业技术模式评价指标框架体系。

（一）建立评价指标体系应当遵循的原则

评价一项农业技术模式是否遵循循环经济理念、达到绿色生产水平，必须有一套完整的循环农业技术模式的评价指标体系，而建立评价指标需要遵循 5 项原则。

具有引导性：主要指要遵循政策引导性，循环农业技术模式应用于生产，是绿色生产领域的一部分，所选指标应反映绿色技术先进性、具有引导性，对实施农业绿色生产最具指导和引导作用。

具有系统性：应当全面考虑循环农业（种养结合）产业链各生产环节及其内在联系，能够正确评价农业绿色循环生产的水平。

具有可操作性：循环农业技术模式评价指标体系建立的最终目的是指导、监督和推动农业资源高效循环利用、农产品质量优质、农业环境保护和农业经济稳健可持续发展。因此，每项指标的设定具有可测、可观、简单可获得的特性，也体现了评价标准的透明性。

遵循 3R 原则：指减量化、再利用和循环，其实施的优先顺序是减量（投入减量、废弃物减量、污染物减量）—再利用（废弃物的资源化）—循环（资源化产品进入循环）。各项指标的设置也应遵循先最小量化、再考虑重复利用、最后是循环利用的原则，使绿色生产技术达到较高的水平。

具有动态性：循环农业涉及单项技术、组合技术或集成技术，会随着科技进步持续不断地改进，因此，指标体系设置也应体现与时俱进的动态性原则，考虑其发展的变化情况，同时便于预测和管理。

（二）循环农业（种养结合）技术模式评价指标框架体系构建

基于确立的宁夏循环农业发展模式，聚焦资源节约集约循环利用、污染治理和生态保护与恢复等重点问题而创建的种养结合的绿色循环农业技术模式评价指标框架体系，分为 3 层，即准则层、指标层和子指标层。准则层包含了技术特征、经济效益和环境效益 3 个指标；指标层则由主要废弃物循环利用率、主要种植投入品强度、主要环保投入品使用率、主要投入资源利用增长率、主要环保种养技术应用率、能源消耗率、绿色种养布局、循环种养过程投入全成本、循环种养全过程纯收益、单位产值能耗节省、COD 污染削减率、N 污染削减率、P 污染削减率、水土流失面积降低率和二次污染风险 15 个指标组成；子指标层则包含种植秸秆综合利用率、养殖粪便综合利用率、种养加未经处理和处理后尾水综合回用率、农膜回收率、化肥施用强度、有机无机替代率、化学农药使用强度、农膜使用强度、种养良种使用率、环保肥料使用率、环保农药使用率、绿色饲料投料率、可降解地膜使用率、化学肥料利用增长率、农药利用增长率、饲料利用增长率、节水效率、合理高效水肥技术综合使用率、病虫害综合防治技术使用率、绿色养殖技术综合使用率、农业机械使用强度、农业用电系数、绿色种植制度（轮作等）、绿色耕作（等高等）方式、养殖场地选择科学合理、养殖圈设计科学合理和单位草场载畜量合理性 27 个指标。

该指标体系（表 6–8）全面反映了循环农业技术模式对种养废弃物减量与资源化循环利用、污染物减量减排、先进绿色环保技术或技术集成的应用以及经济增值、生态保护与恢复效果，是对资源利用水平和资源循环水平及环境经济效益核心考量指标的具体化、细化和量化，可为循环农业技术模式选择提供支撑，并有助于推动农业环境友好型技术在实际农业生产全过程中的标准化、规模化和规范化全面普及应用，是指导农民主体如何进行农业绿色化生产，反映农业绿色生产实现程度和是否有效控制农业面源污染，以及揭示是否提升农业经营者收益和农业生产效率的参照依据。

表 6-8　循环农业技术模式评价指标框架体系

分类层	指标层、子指标层		单位	子指标释义	反映特征
技术指标	主要废弃物循环利用率	种植秸秆综合利用率	%	秸秆肥化还田、饲料化、食用菌基料化、燃料化、工业原料化利用总量与秸秆生产量之比	废弃物减量资源化循环利用
		养殖粪便综合利用率	%	粪便肥料化、饲料化和食用菌基料化总量与产生量之比	
		种养加未经处理和处理后尾水综合回用率	%	循环水、串联水和回用水（不含热力循环水）总量占总排水量的比例	
		农膜回收率	%	农膜回收面积 / 农膜使用面积	
	主要种植投入品强度	化肥施用强度	kg/hm^2	化肥折纯量 / 农作物耕地总面积	投入源头减量化
		有机无机替代率	%	有机肥 N 与无机肥 N 配施比例	
		化学农药使用强度	kg/hm^2	农药使用量 / 农作物耕地总面积	
		农膜使用强度	kg/hm^2	农膜使用量 / 农作物耕地总面积	
	主要环保投入品使用率	种养良种使用率	%	循环种养优良品种应用占全部使用品种的比例	先进科技
		环保肥料使用率	%	循环种养环保肥料应用占全部使用肥料品种的比例	
		环保农药使用率	%	循环种养环保农药应用占全部使用农药品种的比例	
		绿色饲料投料率	%	循环种养绿色饲料品种应用占全部使用饲料品种的比例	
		可降解地膜使用率	%	循环种养可降解地膜品种应用占全部使用地膜品种的比例	

（续表）

分类层	指标层、子指标层		单位	子指标释义	反映特征
技术指标	主要投入资源利用增长率	化学肥料利用增长率	%	主要指 N 和 P_2O_5 利用提高百分比	增长率
		农药利用增长率	%	主要指农药利用提高百分比	
		饲料利用增长率	%	主要指利用提高百分比	
		节水效率	%	主要指循环种养过程中水资节省百分比	
	主要环保种养技术应用率	合理高效水肥技术综合使用率	%	主要指化肥一体化技术、节肥技术（含缓控施肥、侧条施肥等）、节水技术的综合利用百分比	先进科技
		病虫害综合防治技术使用率	%	主要指病虫害物理防治、生物防治和化学防治的综合利用百分比	
		绿色养殖技术综合使用率	%	主要指养殖过程中固液分离技术、原位发酵床技术、异位发酵床技术等的综合利用百分比	
	能源消耗率	农业机械使用强度	kW/hm^2	农业机械总动力 / 农作物耕地总面积	
		农业用电系数	kW/hm^2	农业用电总量 / 农作物播种面积	
	绿色种养布局	绿色种植制度（轮作等）	是 / 否	轮作、间作、套作等方式	科技与管理优化
		绿色耕作（等高等）方式	是 / 否	等高、带状种植等方式	
		养殖场地选择、设计科学合理	是 / 否	地势高、干燥、平坦，地形整齐、开阔，交通方便，供水、供电有保证，一般要求离交通要道 1 000 m 以上，离居民点 1 500 m 以上，离其他养殖场 3 000 m 以上	
		养殖圈设计科学合理	是 / 否	先进、合理、适用	
		单位草场载畜量合理性	是 / 否	以一定的草原面积，在放牧季内以放牧为基本利用方式（可适当配合割草），能够使家畜良好生长及正常繁殖的放牧时间及放牧量	

（续表）

分类层	指标层、子指标层	单位	子指标释义	反映特征
经济指标	循环种养过程投入全成本	元 /hm^2	常规投资 + 占地 / 租地 + 运维的全部成本	增值
	循环种养全过程纯收益	元 /hm^2	循环种养全过程获得纯收益	
	单位产值能耗节省	kW/ 万元	循环种养全过程单位产值节省的能源消耗量	
环境指标	COD 污染削减率	%	循环种养较传统种养 COD 排放减少百分比	污染物减排
	N 污染削减率	%	循环种养较传统种养 N 排放减少百分比	
	P 污染削减率	%	循环种养较传统种养 P 排放减少百分比	
	水土流失面积降低率	%	循环种养技术模式应用所产生的水土流失面积减少百分比	
	二次污染风险	有 / 无	养殖粪便还田、尾水回用和秸秆资源化的潜在污染风险	

第七章 吴忠园区案例分析与样板构建

一、案例基本情况

（一）案例总体现状

吴忠国家农业科技园区，位于银川平原中南部，占地 54 万亩，区域内包含了吴忠市下辖的利通区、青铜峡市和银川市下辖的灵武市共 27 个乡镇。园区是宁夏农业的精华之地、宁夏经济核心区的重要组成部分，“两市一区”均已步入全国科技工作先进县行列，其中利通区又是国家级星火技术密集区，灵武市、青铜峡市是国家重点商品粮基地市和肉羊育肥示范市。园区规划为“一区四园”，园区设置了 4 个专业科技示范园，即奶产业科技园、肉牛肉羊产业科技园、无公害设施果菜科技园、节水型优质粮食作物科技园。每个科技园均设立核心区、示范区、辐射区 3 个实施层次，每个核心区包括 2 个乡（镇）。

吴忠国家农业科技园区于 2000 年 9 月经科技部批准设立，是全国第一批国家农业科技园区试点单位，是宁夏第一个国家级农业科技园区。园区创建以来，通过大力发展高效、节水、生态、安全型现代农业，在创新驱动、引领示范、辐射带动方面发挥了良好的效应。经过多年发展，现已成为我国非耕地现代农业高新技术的试验田、集散地和“全国现代农业出经验、出招数的地方”。

截至 2019 年年底，吴忠国家农业科技园区实现农业总产值 16.8 亿元，畜牧业产值 13.07 亿元，占农业总产值的 80% 以上。其中，奶产量 29.8 万 t，奶产业产值 11.37 亿元；肉牛出栏 7 000 头，实现产值 0.8 亿元；肉羊出栏

2.1万只，实现产值0.22亿元；生产优质瓜菜1.02万t，实现产值0.6亿元；生产精品林果1.3万t，实现产值0.4亿元；优质饲草产值1.2亿元。较2015年，园区经济总量实现量级跃升。

"十三五"以来，吴忠国家农业科技园区持续推进种植、养殖业结构优化调整。坚持市场需求导向，进一步加快农业供给侧改革步伐，切实发挥政策扶持、财政资金、项目带动、市场引领的作用，按照"种好草、养好牛、卖好奶"的思路，力促奶业提质增效，加速农业结构向优质高效、生态安全、绿色有机方向调整。通过园区辐射带动，加快吴忠市各县区农业产业结构的优化调整和转型升级，为产业扶贫、精准脱贫、富民增收做表率、树样板。

（二）案例循环农业发展现状

1. 园区循环农业现状

近年来，在吴忠市委、市政府的领导和市直各部门的支持下，园区认真贯彻落实习近平新时代中国特色社会主义思想和党的十九大精神，围绕实施"乡村振兴战略"和"创新驱动、脱贫富民、生态立区"三大战略，紧紧抓住"生态、绿色、有机、富硒"4张金字招牌，以国家级生态有机区、国家级现代农业旅游区、自治区农业高新产业示范区"三区联创"为目标，重实干、强执行、抓落实，入驻各类企业154家，2019年园区实现农业总产值16.8亿元，在全国118个农业科技园区综合评估中跻身前20"优秀"序列。园区整体发展历程分为2个阶段。

第一阶段：起步发展阶段，2000—2010年，园区管委会的前身是利通区孙家滩管委会和吴忠市农业科技园区管委会，孙家滩管委会辖区管理范围主要是目前园区管委会管理辖区，吴忠农业科技园区管委会主要以利通区、青铜峡市的引黄灌区为主，重点打造引黄灌区现代农业发展样板区。孙家滩开发区在各级党委、政府的大力支持下，重点以打造中部干旱带农业的示范区为目标，克服地域面积大、人口稀少、开发程度率低的实际困难，坚持"边开发、边建设、边管理"的原则，积极鼓励社会各界进行开发建设，并且加大水、路等基础设施建设，初步打造了以设施农业、牧草产业、林果产业为重点的产业雏形，使中部干旱带焕发出一片绿色生机。

第二阶段：快速发展阶段，从2010年到目前。在2010年5月，吴忠国家农业科技园区与原利通区孙家滩管委会、贮草试验站合并，成立吴忠农业科技园区管委会，从机构、人员编制、体制机制方面不断加强和完善；提出以孙家滩为核心将园区努力建成宁夏农业科技合作与交流重要平台、现代农业创新创业与农业高新技术产业和企业的聚集区、标准化健康养殖的核心区、节水型现代农业技术应用的先行区、现代设施农业发展的示范区。2010年到2020年这10年，是园区高速发展的10年。在基础设施方面，打通了利红公路、慈善大道、3号、4号、5号连接线，形成了园区2纵4横的路网体系；修建了各类调蓄池50多个，初步解决了项目用水；加大林网建设力度，打造了吴忠中部干旱带生态屏障。在产业发展方面，抓住吴忠奶产业快速发展的历史机遇，通过招商引资和项目建设，不断加大奶牛养殖产业发展。在科技方面，建成了中国（宁夏）奶业研究院、设施园艺院士工作站、专家大院、专家教授工作站等科技平台，每年吸引区内外100多名专家到园区指导工作，围绕主导产业加大了新品种新设施新装备的引进、关键技术创新、配套技术集成创新和示范以及成果转化力度，持续用科技进步提升、发展、支撑主导产业。

2. 循环农业存在问题

经过多轮细致调研和全面分析，可以确定，尽管吴忠国家农业科技园区的建设取得了辉煌成就，但也存在着一些问题。

园区的投融资机制和社会化管理机制尚未建立：园区的投融资机制、经营机制、人才管理机制仍需进一步健全，缺乏技术型、管理型、市场开发型人才，管理机制还不健全和完善。吴忠国家农业科技园区还尚未建立园区投融资机制和社会化管理机制。

园区建设投入水平有待进一步提高：按照园区总体规划与实施方案，园区建设所需经费与实际投入相差较大，园区建设投入不足，后续建设资金有待落实，现有的投资规模、投资进度远远不能满足农业科技园区建设的需求。

园区产业集群效应有待进一步提高：密切园区企业间联系，使企业间通过专业化分工与协作以获取外部经济、实现集群效应是园区的重要功能之一。但由于受主客观原因限制，在扶持园区发展的产业和项目选择中，对如何既注重纵向产业链条的前伸后延以提高产品附加值，又注重各产业间的横向配合等问题的关注度不够，致使一、二、三产业整合互动发展的水平有待进一步提高。

畜禽粪污处理设施不够完善，养殖场单独运行受限：园区规模化养殖场根据自身发展条件及环保压力相继建设粪污收集与处理设施，但是大部分自建的粪污处理设施并不完善，其处理工艺仅为三级沉淀池加氧化塘模式，存在深度处理不彻底、回用有风险等问题。考虑到吴忠干旱缺水的自然条件，污水处理基本不存在对周边流域的污染问题，但是在粪污收集处理、自然堆腐的过程中，不免造成对当地的臭气污染，并且在处理不彻底的污水和堆腐不彻底的粪便回用过程中存在病原菌的再次感染问题，影响养殖场的安全生产。总之，畜禽养殖废弃物没有统筹规划、物尽其用，无法有效地实现种养结合、循环发展。

现代生态循环农业发展缺乏有效的激励机制，资金投入不足：宁夏为加快构建循环型农业产业体系，决定在农业领域加快推动资源利用节约化、生产过程清洁化、产业链接循环化、废物处理资源化，形成农、林、牧多业共生的循环型农业生产方式。“十三五”期间，规模化养殖场养殖粪污的综合利用率达到 90% 以上；化肥和农药使用量零增长，使用效率提高 5 个百分点；秸秆综合利用率提高 5 个百分点。但是，当前有利于生态循环农业发展的法律制度、政策体系和激励机制还不健全。农业生产经营活动对资源消耗、环境影响方面缺少可操作性的评价、监督和制约措施。支持现代生态循环农业发展的政策没有形成体系，导向作用、补偿机制、激励效应不够有力。农产品优质优价机制还没有全面形成，生态循环农业产生的社会和生态效益没有真正在产品的经济价值上真正体现，影响农业生产经营主体的积极性。同时，生态循环农业项目相对来说投入大、见效长，需要政府和金融部门的大力支持。由于政府财力有限，能够补贴的范围和程度远不能满足生态循环农业的发展需求；同时，受抵押物等的制约，金融部门对农业项目存在惜贷倾向，一些农业龙头企业、农民专业合作社不得不从民间融资渠道获取资金。

缺少养殖废弃物高值化利用企业入驻，技术支撑手段匮乏：规模化养殖场产生的畜禽粪便大部分没有经过科学无害化处理就直接堆腐回田或废弃，没有达到资源化利用的效果。园区还缺少养殖废弃物高值化利用企业入驻，技术支撑手段匮乏，缺少畜禽粪污区域循环体系整体规划。

二、案例评价分析

（一）问题成因分析

1. 绿色发展基础不足

受观念和传统农业的影响，人们对循环农业的认识不足，缺乏“放错了地方是污染，放对了地方是资源”的观念，对于绿色 GDP 标准、高质量绿色发展更是缺乏认识，尤其枸杞、酿酒葡萄枝条和菇渣利用不足 10%。而且，在农村多数是一些 50 岁以上的中老年人，他们对现代化的技术了解得很少，严重影响了循环农业新型农业模式的发展。一方面，农业产业空间结构不合理，种养殖业废弃物、农药化肥、抗生素和农村生活污染形成流域尺度复合污染，种养加布局失衡脱节，自身消纳不足，许多废弃物资源化外销。另一方面，又需要外购同类的生态产品和有机肥。此外，废弃物资源化生产的规范化、标准化缺乏，绿色农产品产品质量不高、品牌效益不强、标准话语权不大，有机肥由于含盐高和抗生素富集导致质量不高，制约了废弃物资源化产品的市场销售。

2. 政策扶持力度不够

一是政策相对滞后，循环农业与有机肥补贴政策机制不完善，技术体系无分类量化，效果评价与奖惩脱节，区域间和产业间的生态补偿机制没有建立，废弃物处理的社会化服务落后。二是在法规的系统性、完备性、科学性等方面均有一定差距，法规政策的针对性和灵活性不强，不能充分发挥作用，法规政策执行不彻底，难以适应发展农业循环经济的要求。三是政府财政支持力度不够，民间资本和银行贷款追求短平快而不介入，作为经营主体的农户资金缺乏、技术落后等，面对自然灾害、市场波动和动植物疫病的多重风险，农业保险存在受保难、赔损难认定的问题，发展循环农业的积极性不高。四是由于农业生产的季节性，在农产品采收和加工旺季，短期内流动资金需求量很大，而普适性、持续性的扶持政策和资金依然缺乏，没有对各地循环农业发展形成长期支持，阻碍了农业循环经济的发展进程。五是循环农业涉及农业环保水利工商等多部门，管理思路和措施不同，没有形成一致的目标和合力。

3. 农业科技研发水平较低

新形势下循环农业已经提升为国家战略，但是我们不能照搬国外模式，循环农业的关键是依然需要走出中国特色的模式。一是循环农业技术涵盖了多个学科领域，目前基础性研究不足，循环农业技术储备不够、养殖废弃物快速处理和高质化技术不高，简洁高效废弃物处理设备研发滞后。二是针对不同生态区的循环农业模式适应性，技术措施的研发应用过分依赖于行政化手段而非市场化主动调节也致使技术自发性发展迟缓，缺少适应不同类型区、不同主导产业、不同经济社会条件的集成技术解决方案，分类分区系统指导性不强。三是循环模式中接口技术、评价指标体系和操作标准等研究较少，没有形成集技术选择、设备选型、作物配置、景观设计等为一体的循环农业模式综合实施方案，技术与需求主体的匹配度不高。四是对循环农业单项技术的研究较多，对循环农业技术模式集成的研究却不足，尤其对不同规模、类型的农业经营主体的循环农业技术需求针对性不强。此外，循环农业科技研发水平较低，不仅表现在科研人员的数量和质量上，更重要是在科研成果及技术转化上，但目前很多高校没有开设这样的课程，懂生态、懂农业、懂循环经济的复合型人才严重缺乏。

4. 区域统筹推进合力不够

一是在规划、技术和资金等方面缺少整体性、全链条的规划设计，不能更好地指导、引领各地循环农业发展，单项关键技术的效率不高。二是宁夏通过不同资金渠道，相继开展了养殖场标准化建设、沼气工程建设、秸秆综合利用等项目，也取得一定建设成效，但由于这些措施缺乏系统设计与合力推进，单兵突进多、整体推进少，总体效果并不显著。三是循环农业包含了多项共性关键技术，包括区域农田养分循环利用技术、农田污染物减投及阻控技术、农业光热资源周年优化配置技术、农业废弃物能源化转化利用技术等，这些技术随着科技的发展而发展，工艺不断改进优化，但一些关键技术的应用不够，导致循环农业模式的整体循环利用效率不高、很难盈利，难以大面积推广应用。四是由于缺乏长效运营机制，种养业废弃物综合利用中资源化生态产品成本高、商品化水平低、农民参与积极性不高等问题依旧突出，如在秸秆综合利用方面存在秸秆收储运体系不健全和秸秆还田成本高等问题，制约秸秆综合利用的产业化发展，在畜禽粪便处理利用方面有机肥推广普及滞后等问题也较为普遍。

5. 农业废弃物分散性导致收储处置困难

一是由于小规模种植和分散养殖收储运用工作“最初一公里”的难题在市场化运作方面始终没有得到有效解决，区域范围内没有建立完善的农业废弃物收储运体系，加之田头抢收时间紧和人工清运劳动强度大，致使秸秆和畜禽养殖废弃物等均存在收集成本高、运输难度大、处置困难等问题。二是由于农业废弃物综合利用的龙头公司和骨干公司数量有限，难以形成大的产业发展格局，制约了农业废弃物处理成本的降低，农业废弃物二次使用的成本也成为最终能否实现资源循环利用的关键。三是养殖缺乏配套的饲草料基地，区域内粮经饲结构不合理，不仅增加了养殖成本，而且加大了饲草料有效供给的风险，全区 70% 以上的农业园区为单一种植业或单一养殖业，其他的农业园区虽然种养兼营，但大多数也难以实现种植与养殖的相互衔接，农业秸秆和养殖粪污资源无法得到有效利用。尽管政府采取了鼓励农民收运的奖励措施，但政策覆盖面有限，奖励政策并未实现长效机制，制约了农民和生产企业的积极性。

6. 财政支持力度不足

循环农业面临“投入大，回报慢”的窘境，一般企业很难做到这么大的投入，对农民来说更是望尘莫及。尽管国家积极推进农业领域 PPP 落地，但循环农业如何去吸引资本，尤其是商业资本很关键。虽然循环农业的每个环节都能赚钱，但哪个环节是主导需要进一步明确。整体的循环农业，到底靠哪个环节赚钱，循环农业的商业模式打磨需要顶层设计，以生态为主线考虑农业的每个环节，设计出盈利模式。同时，通过既定的商业模式运用快速复制的方式，推进循环农业项目的落地实施。农业的补贴是农业经营中的重要内容，各地设定补贴的目的在于刺激发展，但等靠补贴的现象突出，循环农业发展仍旧抱着“补贴思维”，缺乏专注搞产品和经营的思想。

7. 循环农业成本和市场制约

一是运用循环农业技术可以降低生产成本，但循环农业对农业经营的规模要求较高，农业生产中家庭型的小农经济仍占相当大的比重，土地分布较为零散，大型农业机械使用较少，手工劳动仍是主要的生产方式，循环农业延伸的生态产品和农产品成本较高，在市场竞争中很难取胜。二是循环农业不是为了生态而生态、为了循环而循环，循环农业是一个整体的产业链，关键是核心产业如何打造，如何带动其他环节的提升增效，需要在产业的基础上加强整合、提高资源利用率。三是绿色、有机食品一般集中于大型超市销售，而大部分消费者一般选择在农贸市场购物，大部分消费者在选购时很少会从产品内在品质角度去考虑，往往以产品的外表及价格为选择依据，导致绿色、有机农产品的市场需求受到限制，循环农业发展缺乏市场动力，加之产品同质化现象普遍，以种养为主的循环农业产品差异化很小。四是资金投入力度不够，广大农业生产经营者资金有限，难以满足发展循环农业的资金需求，而循环农业投入大，见效慢，经营者参与积极性不高，加之新型农业经营主体的融资能力弱或者缺少资产抵押等情况，因此在资本运作上处于被动局面。

（二）问题解决办法

黄河流经宁夏形成了被誉为“塞上江南”的引黄灌区，该地区是我国重要的粮食和特色农产品生产区，也是宁夏农业农村的精华地区。多年来，宁夏围绕“1+4”优势特色产业，坚持“一特三高”的发展方向，种植业生产水平不断提高，粮食单产、总产连创历史新高。养殖业特色鲜明，奶牛单产居国内前列，肉牛舍饲健康养殖水平高，牛羊肉品质上乘。中宁枸杞、贺兰山东麓葡萄酒、香山硒砂瓜、盐池滩羊、宁夏大米等入选国家地理标志保护，深受消费者青睐。但也存在农业绿色发展标准缺失、关键技术薄弱、农业农村污染排放严重、农业产业融合不够等问题。

2019 年 9 月，习近平总书记在郑州视察提出“黄河流域生态保护和高质量发展”的国家战略，2020 年 6 月在宁夏视察时又做出“明确黄河保护红线底线，要守好改善生态环境生命线”和“宁夏要努力建设黄河流域生态保护和高质量发展先行区”的重要指示，自治区党委、政府也确定了农业“五优四调四化”的发展方向。根据自治区农业发展的定位和高质量要求，宁夏农业该怎么走？调研认为，立足引黄灌区农业特点，建设循环农业与绿色发展示范区，加快结构调整和种养一体化，通过产业链延伸实现资源循环利用、减少污染负荷排放，推进标准化和优质化实现农业产业提质增效，对于示范引领自治区农业的转型升级和落实“黄河生态保护和高质量发展先行区”建设具有重要的现实意义。

（三）循环农业评价体系

1. 评价原则

“减量化”原则：尽量减少进入生产和消费过程的物质量，节约资源使用，减少污染物排放。

“再利用”原则：提高产品和服务的利用效率，减少一次用品污染。

“再循环”原则：物品完成使用功能后，能够重新变成再生资源，使上一级废弃物成为下一级生产环节的原料，最大限度地利用进入生产和消费系统的物质和能量。

“可控化”原则：通过合理设计，优化布局接口，形成循环链，有效防控废弃物质或不利因素产生，提高系统内经济运行的质量和效益，实现经济发展与资源节约循环、环境保护相协调的目标。

2. 评价方法

本次评价采用定性和定量相结合的方法。以全面梳理吴忠园区基本现状、循环产业发展情况为前提，以定量指标为判定基础，以先进的工程咨询方法为手段，对吴忠园区现阶段的循环农业发展提出客观中肯的定性评价。

3. 评价结果

园区畜牧业种养结合循环发展情况及粪污资源化利用的主要做法：2018 年来，在吴忠市党委政府的正确领导下，在市农业农村局和生态环境局的大力支持下，园区紧紧围绕农业农村供给侧结构性改革，通过不断加快奶产业改造升级，优化畜牧业产业结构，大力推进畜牧业生产提质增效和绿色循环发展，园区畜牧业发展势头良好，在保障“菜篮子”稳定供给、维护社会和谐稳定和满足人民对美好生活向往方面做出了积极贡献。目前，园区达到自治区规模标准的奶牛养殖场（户）35 家，存栏奶牛 7.5 万头，预计年产鲜奶 38 t，奶产业产值 13.9 亿元；种植优质苜蓿 0.7 万亩，优质青贮玉米 1.8 万亩，不足部分从外地调购解决。牧场产生的固体废物 70% 被发酵还田，作为农作物生长的优质肥料利用，30% 被固液分离后作为卧床垫料利用，给奶牛创造舒适的休息环境；液体废水经过污水处理设备处理，储存氧化，达到农田灌溉水质标准，灌溉农田和林带。

园区贯彻落实自治区加快推进粪污资源化利用工作方案初步取得成效：积极推进规模牧场配套建设粪污处理设施。积极向自治区、市有关部门争取财政扶持资金，强化政府引导，要求辖区所有牧场必须自建与养殖规模相适应的规范化堆粪场，奶牛牧场还必须建设污水处理设施设备，处理后的水质达到农田灌溉水质标准，用于灌溉农田和林带。管委会强力推进规模牧场配套建设粪污处理设施，对建设进度缓慢的养殖场负责人进行约谈，督促养殖场加快建设进度，对已建成粪污处理设施的牧场要求其保证设施正常运行。截至目前，园区规模牧场的粪污处理设施设备配套率达到70%，畜禽粪污综合利用率达到70%，30家奶牛牧场配套建设了规范化堆粪场和污水处理设施设备，5家奶牛场配套建设了规范化堆粪场（饲养育成牛，不挤奶）。

规模牧场粪污资源化利用工作存在的问题：一是园区管委会不是县级人民政府，国家农业政策和资金支持力度不够，造成部分畜禽养殖场配套建设的粪污处理设施滞后；二是养殖场管理者对畜禽粪污污染问题的严重性和防治工作的紧迫性认识不足；三是污水处理技术不成熟，污水达标处理难，部分养殖场废弃物处理和资源化利用设施设备不能完全达到预期效果，需要不断地探索与完善。

（四）评价结果分析

1. 评价整体结论

现阶段，吴忠园区在循环农业发展中取得了一些成绩，但也存在相应的不足。具体表现如下。

一是循环农业模式并未全面开展，只有局部形成零星联系，大规模循环模式尚未普及。

二是实用性循环农业技术尚未全面引入，相关标准规范、操作流程尚未建立。

三是产业链条有待进一步延展。园区在三产之间虽已有一定融合，但一、二、三产业的链条延展还不够深入。

四是农业产业三大体系彼此融合程度不高。生产、产业、经营体系相对独立，没有相互融合进行提质增效。

2. 产生问题的原因

经过多轮细致调研和全面分析，加上聘请专家进行探讨，初步认为宁夏吴忠园区循环农业各类问题的原因如下。

一是现阶段暂缺少推广循环农业模式的系统方法和可行路径、缺少相应的组织机构及资金配套，上层政策落实不到位，造成循环农业发展出现瓶颈。

二是循环农业技术发展滞后，受到循环农业操作关键技术的制约，也有轻简实用循环农业技术不足等问题，且缺少实用技术的引进获取途径，缺少相关技术的普及手段。

三是缺少产业融合发展的切入点，受主客观原因限制，在扶持园区发展的产业和项目选择中，对如何处理好既注重纵向产业链条的前伸后延以提高产品附加值，又注重各产业间的横向配合等问题的关注度不够，致使一、二、三产业整合互动发展的水平有待进一步提高。

四是当前有利于生态循环农业发展的法律制度、政策体系和激励机制还不健全或落实不到位。农业生产经营活动在资源消耗、环境影响方面缺少可操作性的评价、监督和制约措施。支持现代生态循环农业发展的政策没有形成体系，导向作用、补偿机制、激励效应不够有力。

3. 下一步粪污资源化利用工作重点

规模奶牛牧场配套建设粪污处理设施设备、确保设施正常运行、确保粪污资源化利用是园区生态环境保护工作的重点任务，对此园区的党工委、管委会应站位高、认识明确，工作重点如下。

一是坚决贯彻习近平总书记视察宁夏的讲话，宁夏要“努力建设黄河流域生态保护和高质量发展先行区”的重要指示精神，结合园区实际，大力宣传贯彻落实，使各企业法人和广大职工群众充分理解生态环境保护工作的重大意义。

二是强力推进各牧场完善粪污处理设施配套建设及推进粪污资源循环利用。近年来，有的牧场因奶牛存栏增加，养殖规模扩大，原有的粪污处理设施设备已不能满足需要。因此，园区管委会计划与市生态环境局、市农业农村局沟通，组成工作组对各奶牛牧场已建成的粪污处理设施进行评估，对粪污处理设施不能满足粪污处理的牧场，要求改扩建粪污处理设施设备；同时，开展畜禽养殖污水高效处理技术、规模化畜禽场废弃物堆肥与除臭技术、秸秆—沼气—沼液高效利用技术、畜禽粪污二次污染防控健全利用技术、粪污厌氧干发酵技术、农业废弃物直接发酵技术、粪肥还田及安全利用技术、畜禽养殖废弃物堆肥发酵成套设备推广、家庭农场废弃物异位发酵技术的推广应用。

三是新建奶牛牧场，高标准配套建设粪污处理设施设备。园区鸽堂沟奶牛养殖园区即将开工建设，园区将严格监督入驻企业按照粪污处理设施设备建设与牧场主体工程建设同规划、同建设、同竣工的原则进行建设，并认真履行环评手续，不达标不准进行生产经营。

四是成立园区生态环境部门，高效率开展生态环境保护工作。鸽堂沟奶牛养殖园区建成后，园区奶牛存栏将达到 20 万头，产生的粪污量巨大，牧场的生态环境监管是头等大事，决定申请成立园区生态环境局，有力、有效地开展生态环境保护工作。

三、发展总体思路

（一）指导思想

以习近平新时代中国特色社会主义思想为指导，深入贯彻党的十九大和十九届二中全会、三中全会、四中全会及中央农村工作会议精神，特别是习近平总书记视察宁夏的重要讲话精神，牢固树立新发展理念，落实高质量发展要求。坚持农业农村优先发展总方针，以实现农业农村现代化为总目标，以实施乡村振兴战略为总抓手，坚持生态优先、全面协调、绿色循环、可持续发展的原则，以农业投入品减量化、高效化以及农业生产废弃物无害化、资源化为目标，以农业生产源头减量投入、过程资源循环利用和末端生态治理修复为手段，实现政府主导、农企牵头、其他涉农经营主体积极参与，通过科技支撑、法规政策机制保障，加速推进以循环农业模式为核心的农业高质量绿色发展，助力乡村振兴和脱贫富民，为自治区农业农村发展提供科技政策支持和解决方案。

同时，以吴忠国家农业科技园区为奶牛种养一体化的先行区，强化顶层设计，运用系统论和循环经济理论的方法，探索适用于宁夏地区的循环农业模式和政策管理机制，综合吴忠国家农业科技园区现有情况，有针对性地提出吴忠国家农业科技园区循环农业发展和管理的模式，为园区升级发展提供战略性的指导，同时为美丽宁夏建设提供科技样板。

（二）基本原则

1. 坚持政府引导，企业实施，市场调控，全面增效

强化政府（吴忠园区管委会）的整体引领、机制创新、政策支撑和配套服务，通过落实政策和提供公共服务，引导技术、信息、资金等生产要素集聚。遵循市场规律，按照市场需求全面发展循环农业，充分发挥农户、农村合作社、企业等市场主体在产业发展、投资建设、技术引进、产品营销等方面的主导作用，形成多种有效的建设模式。

2. 提倡因地制宜，立足实际，合理谋划，创新发展

根据吴忠园区的实际情况，合理探索谋划符合企业发展、形式多样的循环农业发展方式及产业融合模式，积累宝贵经验，注重后期的可复制及可推广性。

3. 深入产业融合，促进互动，上下联通，全面带动

依托吴忠园区的各项生态、资源优势，重点发展循环农业生产基地，大力发展农产品精深加工业，推进交易平台、市场、仓储物流设施建设，挖掘园区农业生态价值、休闲价值、文化价值等多种功能，有效结合旅游业发展，尽快将资源优势转化为经济优势，推进一、二、三产业深度交融，产业链条有效延展。

4. 着力惠农支农，提升收益，增强品质，共建和谐

把带动农民增收作为重要目的，建立健全项目与农户间紧密的利益联结机制，保障农民获得合理的产品增值收益。充分发挥示范带动作用，引领带动农民就业和增收致富。

5. 专注绿色发展，生态友好，清洁生产，改善环境

发展循环农业、绿色产业，发展规模化种植、有机、无公害种植，打造清洁生产、绿色生态种植发展模式，大力推行农业节水，建立吴忠园区绿色、低碳、循环化发展的长效机制，污水、废气排放达标，垃圾有效处理。

（三）工作目标

以带动区域特色优势产业循环利用发展为目标，开展“最优品种、最佳品质、最高效益、最新模式”的循环农业经营模式创建，借助县域农村创新创业、科技特派员孵化、科技成果转化和农业科技综合服务载体，打造可复制、可推广的多样化循环农业科技示范样板，引领基层循环农业科技创新。

发展现代生态循环农业符合吴忠国家农业科技园区创建农业高新技术示范区的总体要求，有利于园区“坚持绿色发展，加快转型升级”，是解决园区存在问题的有效途径。通过项目的落地实施，将基本实现产学研合作充分、环境生态优美、资源循环利用、产业融合发展、产品优质安全、价值链特色鲜明、效益显著提升的发展目标。

产学研合作：依托园区打造的产业工程中心、科技服务中心及设施农业、奶牛养殖等重点实验室，以及在建的院士、博士、专家工作站，建立农业面源污染控制技术试验、示范基地，提升园区科技支撑能力。

资源循环利用：基本建立农牧结合、产业循环的农业资源循环利用机制，畜禽排泄物、农作物秸秆资源化利用水平大幅提升。规模化养殖场畜禽粪便处理率达到70%，农作物秸秆资源化利用达到95%。

产业融合发展：基本建立农业全产业链链接机制，实现园区奶牛养殖、高效节水、健康产业、休闲观光、特色种植各相关部分的深度融合。

产品优质安全：基本建立农产品质量安全管控机制，农业标准化、绿色化、品牌化稳步推进，绿色有机农业比重进一步提高，农业品牌效益和产品附加值得到明显提升，为把吴忠国家农业科技园区打造成为国家级生态有机食品示范区奠定扎实的基础。

效益显著提升：基本建立生态农业经济发展机制，生态循环农业经营主体不断发展壮大，产业链条完整、功能多样、业态丰富、利益联结紧密、产村融合更加协调的现代生态农业发展格局基本形成，生态经济成为农业新的增长点，农业竞争力明显提高，农民收入持续增加，农村活力显著增强。

环境生态优美：基本建立农业面源污染防治和生态保护机制，畜禽粪污直排、秸秆露天焚烧现象基本消除，农业面源污染综合防治率达到80%，农业生态优势更加凸显。

（四）发展思路

1. 全面发展循环农业，对症施药解决现有问题

针对吴忠园区现阶段存在的问题及成因，以国家、宁夏相关政策为指引，以总报告及各分项报告为行动纲要，逐一寻找相关解决方案，制定发展路线及时间表。通过不断地真抓实干，全面推动吴忠园区循环农业高质量发展。

2. 注重经验积累和动态反馈

吴忠国家农业科技园区为宁夏循环农业发展的先行区，需要运用系统论和循环经济理论的方法，探索适用于宁夏地区的循环农业模式和政策管理机制，同时在此过程中注重经验积累和动态反馈，强调过程控制，确保既定目标的最终实现。

3. 由点及面，推动持续融合

按照由小及大的方式着力构建吴忠园区循环农业发展模式、产业融合发展模式，最后通过采取保障服务性平台建设、确保资金投入稳定长效、不断动态纠偏等保障方式确保园区持续快速发展。

4. 引领示范，带动宁夏农业跨越式发展

利用吴忠园区为载体，深入发挥引领带动作用，在宁夏全面推广成功发展经验，进而有效地提升宁夏农村农业的经济水平，带动区域农业产业跨越式发展。

四、主要任务

以黄河生态保护与高质量发展战略为指引，以循环农业示范区建设为主

线，开展循环农业规划、政策顶层设计及配套激励机制创建，实施循环农业的科技创新工程，打造循环农业的载体和示范样板，以“两个优先，五个一”实施为抓手，即节水减污优先、废弃物利用优先，一张图（布局）——适水农业结构、承载力；一张表（标准）——投入品、产地环境、市场准入、质量标准；一张网（科技）——核心关键技术创新、实用技术推广应用；一条链（加工）——“精而专”深加工、带动产业链升级；一纸文（政策）包容性增长、生态补偿等，打造“1+4”全产业链高质量绿色发展先行区（优质粮食产业化，奶牛、肉牛、滩羊种养一体化，枸杞、酿酒葡萄优质绿色化示范），发挥宁夏先行区的示范引领作用，支撑“黄河流域生态保护和高质量发展”先行区建设，助力乡村振兴。

推广区域化多类型的循环农业发展模式。一是种养业内部有机组合模式。在种植业或养殖业内部，实行立体混套种养，发展生态种植和健康养殖模式；充分利用作物秸秆、农业废弃物等，大力推广食用菌循环生产；推广有机肥生产、绿色植保、净水灌溉式的生态有机种植业，生产有机大米、有机蔬菜等。二是种养结合模式。大力发展农牧结合互利模式，构建“青饲料—畜禽粪便—沼气工程—沼渣、沼液—粮（菜、果）”“畜禽粪便—有机肥—粮（菜、果）”产业链，推动循环农业发展。三是一、二、三产业融合模式。以农产品生产为基础，大力发展以农产品加工为主的第二产业，以休闲农业、乡村旅游、产品品鉴为主的第三产业，构建“产＋加＋销＋游”产业链、“公司＋合作社＋农户”组织链，推进一、二、三产业深度融合发展。

循环农业是以资源高效循环利用为基础，以减少废弃物和污染物排放为核心，以产业链延伸和产业升级为目标的环境友好型高效农业。因此，以循环经济引领农业绿色转型，通过产业链延伸及资源循环利用可提高农业效益、减少资源浪费和环境污染。为有效完成发展主要任务，切实解决吴忠国家农业科技园现阶段存在的问题，必须全面实行循环农业发展模式。

循环农业是相对于传统农业发展提出的一种新的发展模式，运用可持续发展思想和循环经济理论与生态工程学方法，结合生态学、生态经济学、生态技术学原理及其基本规律，在保护农业生态环境和充分利用高新技术的基础上，调整和优化农业生态系统内部结构及产业结构，提高农业生态系统物质和能量的多级循环利用，严格控制外部有害物质的投入和农业废弃物的产生，最大限度地减轻环境污染。

循环农业是把清洁生产思想与循环经济理论、可持续发展与产业链延伸理念相结合运用于农业经济系统中，以“减量化、再利用、资源化”为原则，以低消耗、低排放、高效率为基本特征、以资源—产品—废弃物—再生资源循环利用为核心的循环生产模式。目的是实现生态的良性循环与农业的可持续发展。概括起来，循环农业就是以资源高效循环利用为核心的资源节约型农业，以减少废弃物和污染物排放的环境友好型农业，以产业链延伸和产业升级为目标的高效型农业，以科技进步和管理优化为支撑的现代农业。

发展循环农业的核心是转变农业发展方式、改善农业生态环境、提升农产品品质，从过去的数量增长为主转到质量、数量、生态效益并重，由过去主要通过要素投入转到依靠科技和提高劳动者素质上来，由过去从资源过度消耗转到可持续发展的道路上来，逐渐实现产业融合发展，探索与应用农牧结合、农林结合、生态种养、农业废弃物资源化综合利用等技术，构建点串成线、线织成网、网覆盖区域的以“主体小循环、片区中循环、区域大循环”为特征的现代生态循环农业技术体系。

本案例发展循环农业的基本路径如下。

以创建现代生态农业科技创新示范区为目标，聚集绿色生态经济创新资源，主攻冷凉蔬菜、奶牛、枸杞产业创新发展。突出科技扶贫与循环利用绿色发展融合，引领园区生态农业发展。

对于园区内新建项目，在前期谋划阶段全面融入循环农业发展理念，结合园区现状和各专项规划，选择合适项目进行建设，切实提升项目建设质量，并以项目为载体、以先进技术为手段、以保障措施为基础系统提升新建项目建设质量。

对于园区内已建成项目，主要通过技术升级、技术改造对项目提升产出效益，减少污染物排放。

同时，做好各项配套保障措施，强化园区管理，营造良好的项目建设环境。积极申请各级政府专项资金、科研资金、地方债券作为园区建设的资金储备，鼓励企业采取多渠道自筹资金进行项目建设。最终通过技术的应用、项目的落地逐步改善园区的整体发展路径和模式。

（一）加快重点技术攻关与应用，推动成果转化落地

围绕制约吴忠园区循环农业和绿色发展的实用性技术、标准体系、区域农业结构和循环模式，围绕农业资源高效、农业生态功能提升与绿色乡村宜居、清洁化生产等关键技术开展攻关，集成组装可规模化推广的循环农业技术模式和体系，为吴忠园区循环农业高质量发展提供技术支撑。

一是为建立循环农业发展标准与评价体系收集基础数据。结合吴忠园区实际情况，组织专业机构有序建立起循环农业基础性和长期性科研观测监测网络及其收集方法，构建种养加一体化的农业结构配置和全产业链多级利用的组合模式，开展园区内循环农业全生命期增量成本和增效分析评估，为制定相应标准与评价体系收集基础数据。同时经过系统分析后，提出吴忠园区不同区域一、二、三产业融合的循环农业整体推进方案。

二是落实循环农业绿色生产与清洁化相关技术。重点将基于农业水资源平衡落实节水型循环农业模式及配套技术、三控两减技术、农田产地环境健康保育、产业链间物能再生循环利用与农机农艺融合、主要产业生态栽培与农产品安全生产等技术，确保落实到园区日常生产工作中。

三是推动园区农业资源的多级循环利用和零排放。按照区域种养加生产结构，研究产业链间物能循环利用规律与多级利用模式、养殖业水污分流与内生再循环利用技术、抗寒型除臭发酵一体化和木质素降解的高效菌剂，突破养殖粪污盐分及抗生素削减技术和功能产品，研发秸秆枝条饲料化和基质化以及肥料高值化等技术工艺和产品、秸秆枝条机械还田及堆腐翻拌等装备。

（二）推动重大工程和项目建设，形成坚实支撑

吴忠国家农业科技园区围绕奶牛养殖、设施园艺、精品林果、优质饲草等优势主导产业，通过宣传引导、政策支持、项目扶持等措施，不断培育壮大龙头企业、合作社、家庭农场、专业大户等新型产业主体。2016—2017 年，吴忠园区引进和培育 63 家企业、合作社及家庭农场，其中农业企业、农民专业合作社、家庭农场为 57 家，占比高达 90% 以上。园区集中力量、采取多种

方式着重培育、壮大家庭农场和种植大户，培育家庭农场 12 家，培养种植大户 16 家。截至 2019 年年底，园区共引进和培育夏进牧业、金宇浩兴、义明养殖、伊利牧场等市级以上龙头企业 15 家、专业合作社 33 家、家庭农场 45 家，建立绿色养殖与优质生鲜乳、有机农产品等科技方点 23 个。

园区始终把人才队伍建设作为首要任务，通过引进高层次人才、培养当地人才等多种途径，建设园区人才队伍，努力打造园区人才高地，为园区现代农业绿色可持续发展提供坚强的人才保障和智力支撑。一方面，积极引进了科研人才。通过专家服务基地、院士工作站、专家工作室等人才载体平台，柔性引进各领域专家 81 名；通过公开招考，引进高层次人才 13 名，充实到园区科研和成果转化一线；吸引 68 名科技特派员到园区企业、产业基地、合作社、家庭农场、专业大户等从事技术研发、技术服务和成果转化工作，或创办、领办农业科技型企业。另一方面，完善培训、创业孵化基地。依托园区国家级新型职业农民示范培训基地、农业扶贫培训学校，宁夏大学、宁夏党校、西北农林科技大学、杨凌职业技术学院实训基地，宁夏农科院综合试验基地，整合各级农业广播电视学校和各类民营培训机构资源，采取现场教学与实训操作相结合，现场培训与远程培训相结合，多层次、多渠道、多形式地开展设施园艺、畜牧养殖、精品林果、电子商务等科技培训，提升园区农民的科技文化素质和生产技能。

（三）优化管理和运行机制，保障整体效果

尽快组织成立吴忠园区循环农业发展常设机构“吴忠园区循环农业发展工作推进领导小组”，为了最大程度地发挥管理效益，建议与园区管委会“两个牌子，一套人马”。经过周密部署，精心组织，广泛发动，合力推进，压实工作责任，完善工作机制，层层抓好落实，在组织机构、规章制度层面全面推动吴忠园区循环农业发展。

进一步明确责任主体：要进一步明确目标任务，强化领导小组主体责任；要健全相关规章制度，出台配套政策，明确管理主体，落实工作职责，建立考核机制，严格奖惩措施；实行工作目标责任制，把任务分解落实、明确分工、责任到人，构建政府指导、园区管委会推动、企业联动、各相关机构（科研院

所、行业协会、各经营主体）参与的工作格局。

强化各主体间的协调合作：各相关部门、主体要紧密配合，按照职责分工，合力推进吴忠园区循环农业发展。自治区会同有关部门制定循环农业发展奖补政策、技术标准；吴忠园区循环农业发展工作推进领导小组负责园区循环农业工作的整体推进及日常监管；各科研机构、行业协会负责先进技术研发、引进、指导培训等；各相关企业负责提供具有先进技术的实验操作平台及场地；其他相关经营主体负责先进技术的应用及实际工作的落实。

（四）积极构建循环农业生产、产业、经营体系

以提质增效为核心，以聚焦循环农业高质量发展为目标，坚持产量扩张与质量提升并重、产业发展与生态保护并重、特产重点发展和农业全面发展并重3个方针，全力构建循环农业三大体系。

1. 健全现代循环农业产业体系

首先，实施粮食安全战略，抓牢护粮、稳粮、保粮工作，以循环农业先进技术为增加产量、提升品质的重要手段。其次，以循环农业产业链融合延展为方式，突出种养结合，壮大现代养殖业。立足特色资源禀赋，做强特色优势产业。以市场需求为导向，做大设施农业。强化特产原料资源就地转化增值，做精特产精深加工。最后，聚焦产业转型升级，大力发展生产性服务业和农产品流通业。加速业态创新，发展乡村旅游业。在发展中转型，在转型中升级，加快形成粮经饲兼顾、农牧特加并举、一、二、三产业融合的现代循环农业产业体系。

2. 完善现代循环农业生产体系

构建统一高效的循环农业管理新体制，强化资金投入和机制创新，强化高标准农田建设支撑条件，协同推进建设和长效管护。提升农业全程机械化作业水平，实现主要农作物生产全程机械化，加快推进农业生产全面机械化，推广先进适用农机装备与技术，提升农机社会化服务质量。优化农业科研全链条科技资源配置，强化农业重大科技研发与技术攻关，加强产学研协同的科技成果转移转化，强化科技成果转移转化的市场化服务，加快农业科技研发与成果转化。

3. 创新现代农业经营体系

完善园区土地流转管理体系，创新适度规模经营方式，强化适度规模经营支持，推进适度规模经营。培育多元新型农业经营主体，规范新型农业经营主体发展，引导新型农业经营主体融合发展。

夯实产业基础，创新融合路径，健全支撑体系，加速农村一、二、三产业融合发展。加快完善市场与流通建设，优化园区农产品市场体系架构，培育农产品现代流通主体，推动农产品流通方式创新，加强农产品市场监督管理。加快实施园区农产品品牌发展战略，夯实农产品品牌创建基础，做大做强品牌，提升品牌管理服务水平。

（五）系统延展循环农业产业链长度与深度

通过构建循环农业发展、绿色产业发展、共享利益联结的产业链条，延展产业链，深化技术链，提升价值链，密切利益链，形成了重点突出、规模适度、优势明显、特色鲜明、比较完整的产业链延伸体系，促进绿色兴农、质量兴农。

1. 科技链条

科研院校、行业协会、企业自主共同研发—行业协会、吴忠园区及农产品交易平台、相关企业统一技术推广—吴忠园区、行业协会、科研院校、专家学者系统负责培训—合作社、种植大户、农户、贫困户。

2. 利益链条

吴忠园区、加工企业构建“订单收购 + 分红”“土地流转 + 优先雇用 + 社会保障”“农民入股 + 保底收益 + 按股分红”—合作社、种植大户、农户、贫困户的链条。

构建合作社、种植大户、农户、贫困户—吴忠园区交易平台帮助寻找客户、行业协会帮助营销、金融机构帮助融资、龙头企业标准化支持—消费者的链条。

3. 产业链条

构建种养加结合产业链条：吴忠园区通过发展畜牧养殖业，利用畜禽粪便生产有机肥，发展循环农业，在种养业之间形成畜牧养殖—畜禽粪便—有机肥—作物种植—以种植作物为原材料的精深加工—产品销售产业链条。

构建种养业与旅游业结合产业链条：吴忠园区以特色种植、有机养殖同休闲体验主题旅游有机结合，种植园可以向旅游区提供采摘、种植体验、生态养老、游学体验等服务，以“特色农家宴”等主题形式彰显地方特色；养殖园可以向旅游区供应肉制品，形成种养—观光旅游—绿色餐饮产业链条。

构建加工业与旅游业结合产业链条：吴忠园区在加工原有产品的基础上，以循环农业为主题，拓展开发相关工艺品、旅游纪念品加工业，向旅游区定向输送，形成加工—观光旅游产业链条。

构建种养加工物流业结合产业链条：吴忠园区生产的产品，无论是农产品还是畜产品，都实现了就地生产、就地储运、就地加工、就地包装、就地销售，形成生产—储运—加工—物流配送—销售产业链条。

构建企业孵化与旅游业结合产业链条：吴忠园区在原有企业孵化的基础上，旅游业的发展在一定程度上提供了更多创业就业的机会，农民工与创业青年可以在旅游区内谋求就业机会与发展，形成企业孵化—观光旅游产业链条。

构建电商平台与旅游业结合产业链条：吴忠园区在构建电商平台的基础上，大力宣传循环农业主题旅游，提供网络售票或网络下单门店自提等便捷优惠活动，为吴忠园区旅游项目未来的发展储备更多客户资源。

吴忠园区核心区与辐射区结合产业链条：吴忠园区将充分发挥在宁夏区域的示范引领作用，带动和服务周边经济发展；构建周边农产品（供应）—吴忠园区（文化休闲旅游）、周边农产品—吴忠园区（综合交易平台）—消费者产业链条。

（六）有效治理农业各类污染物，改善区域生态环境

按照吴忠园区种养加生产结构，研究产业链间物能循环利用规律与多级利用模式、养殖业水污分流与内生再循环利用技术、抗寒型除臭发酵一体化和木质素降解的高效菌剂，突破养殖粪污盐分及抗生素消减技术和功能产品，研发秸秆枝条饲料化和基质化以及肥料高值化等技术工艺和产品、秸秆枝条机械还田及堆腐翻拌等装备。

鼓励园区有实力的企业参与建设种植业“节减用”、养殖业“收转用”、种

养加“再利用”等社会化服务体系，推进废弃物循环利用及就地消纳，开展畜禽粪便和秸秆等废弃物高效资源化处理，通过合同定购改变生态产品和优质有机肥长期依赖区外供应的局面，实现区域内零排放。

（七）完善农业配套建设，坚持农业绿色发展

1. 标准化饲草基地与养殖场建设

以吴忠园区整体促进农业结构调整，减少对粮食型饲料的依靠，扶持开展饲草种植和青贮饲料专业化生产示范建设，重点支持饲草种植基地的土地平整，灌溉设施，耕作、打草、搂草、捆草、烘干、粉碎等设备购置，以及饲草和秸秆青贮氨化等设施的建设。通过实施奶牛养殖场“三改两分”（改水冲清粪为漏缝地板下刮板清粪、改无限用水为控制用水、改明沟排污为暗道排污，固液分离、雨污分离）建造高标准规模的养殖场，营造良好的饲养环境，加强动物疫病防控，提高动物生产性能，减少环境污染，降低养殖废弃物处理成本，扶持污水粪污收集处理系统、屠宰废弃物无害化处理及循环利用设施设备等改造建设。

2. 畜禽粪便循环利用

沼渣沼液还田项目：在距离农户居住区较近、秸秆资源或畜禽粪便丰富的地区，以自然村、镇为单元，发展以畜禽粪便、秸秆为原料的沼气生产，用作农户生活用能，沼渣沼液还田利用。在远离居住区、有足够农田消纳沼液且沼气发电自用或上网的地区，依托大型养殖场，发展以畜禽粪便、秸秆为原料的沼气发电，养殖场自用或并入电网，固体粪便生产有机肥，沼渣沼液还田利用。通过实施沼渣沼液还田项目，实现种养业废弃物的循环利用，解决养殖区域环境污染问题，促进养殖业可持续发展，改善养殖场和周边农村的生态环境。

有机肥深加工项目：建设区域畜禽粪便收集处理站，收集、储存和堆肥处理 10 km 范围内中小规模养殖场或散养密集区内畜禽粪便和农作物秸秆，堆肥后就地还田利用或作为有机肥产品参与市场大循环。区域粪便收集处理站的建设内容主要包括养殖场（户）粪便暂存池、堆肥车间、有机肥仓库等土建工程以及堆肥搅拌机、粉碎机等设备。通过实施有机肥深加工项目，将大量集中或分

散的畜禽粪便加工成有机肥，既有利于保护环境，还可以培肥地力、改善作物品质。

3. 农作物秸秆综合利用

农作物秸秆综合利用项目在秸秆资源丰富和牛羊养殖量较大的粮食主产区，根据种植业、养殖业的现状和特点，优先满足大型牲畜饲料需要，合理引导炭化还田改土等肥料化利用方式，推进秸秆的基料化、燃料化利用以及其他综合利用途径。

秸秆饲料：扶持开展秸秆养畜联户示范、规模场示范和秸秆饲料专业化生产示范，重点支持建设秸秆青黄贮窖或工业化生产线，购置秸秆处理机械和加工设备，改造配套基础设施，增强秸秆处理饲用能力，加快推进农作物秸秆饲料化利用。

秸秆炭化还田改土：秸秆炭化还田改土技术，用连续式热解炭化装置对秸秆进行热裂解，产出生物炭和混合气，生物炭还田改土利用，保护和提升耕地质量，热解混合气分离为生物质燃气、焦油和木醋酸后利用。重点支持原料棚、炭化车间、炭成型车间等土建工程建设以及连续式炭化炉、进料系统、炭成型生产线等设备购置。

秸秆基质：秸秆含有丰富的纤维素和木质素等有机物，是栽培食用菌的重要原料，也可作为水稻、蔬菜育秧和花卉苗木育苗的基质。以秸秆为主要原料，辅以畜禽粪便、养殖废水进行高温好氧发酵，加工生产商品化基质产品。重点支持秸秆粉碎车间、堆肥车间、包装车间等土建工程建设以及装载机、翻搅机、皮带输送机等设备购置。

4. 循环农业发展模式

种养加功能复合模式：以种植业、养殖业、加工业为核心的种、养、加功能复合循环农业经济模式。采用清洁生产方式，实现农业规模化生产、加工增值和副产品综合利用。该模式的实施，可有效整合种植、养殖、加工优势资源，实现产业集群发展。

立体复合循环模式：以种植业、养殖业为核心的立体复合循环农业经济模式，可有效缓解该地区水、土资源短缺问题，形成良好的生态循环。

以秸秆为纽带的循环模式：以秸秆为纽带的农业循环经济模式，即围绕秸秆饲料、燃料、基料化综合利用，构建“秸秆—基料—食用菌”“秸秆—成型燃料—燃料—农户”和“秸秆—青贮饲料—养殖业”产业链。该模式可实现秸秆资源化逐级利用和污染物零排放，使秸秆废弃物资源得到合理的有效利用，解决秸秆任意丢弃焚烧带来的环境污染和资源浪费问题，同时获得绿色有机肥料和生物基料。

以畜禽粪便为纽带的循环模式：围绕畜禽粪便燃料、肥料化综合利用，应用畜禽粪便沼气工程技术、畜禽粪便高温好氧堆肥技术，配套设施农业生产技术、畜禽标准化生态养殖技术、特色林果种植技术，构建“畜禽粪便—沼气工程—燃料—农户”“畜禽粪便—沼气工程—沼渣、沼液—果（菜）”和“畜禽粪便—有机肥—果（菜）”产业链。家畜粪便和饲料残渣制沼气或培养食用菌，食用菌下脚料繁殖蚯蚓，蚯蚓喂鸡，鸡粪发酵后作肥料。

（八）密切利益连接机制，注重惠农支农

吴忠园区定期、有计划地对园区内农户、合作社等人员进行采用循环农业手段提质增效的教育实训，提高农民的技艺技能，把农民培养成为具有一定的文化和较高思想道德水平的现代农民。吴忠园区也始终坚持把农民更多分享增值收益作为基本出发点，采取了“企业＋基地＋农户”流转聘用型、“企业＋合作社”持股分红型联结模式、“企业＋合作社＋种参大户”三产增值收益型等多种联结机制，真正将农户利益与企业利益绑在一起，相比与土地租赁及订单农业的方式，更能够确保农民利益，让农民更多分享循环农业、产业融合发展的增值收益，充分发挥了吴忠园区的示范引领作用，实现真正的惠农富农，从而推动当地脱贫攻坚战的顺利完成。

1.“企业＋合作社”订单合同型联结模式

实行订单农业，合作社或农户与龙头企业签订具有法律效力的购销合同，双方约定交手产品及龙头企业承诺的服务事项等内容，确定最低合同价，当市场价格高于合同价时，收购价格随行就市。吴忠园区根据市场状况及合同组织合作社、农民开展种植及养殖工作，企业组织技术力量指导合作社和农户严格按照标准规范要求建设种植基地，协助农户解决各类问题，确保产量和品质，到期按照合同要求进行收购，促进农户与企业互利共赢。

2.“企业＋基地＋农户”流转聘用型联结模式

吴忠园区龙头企业与村委会签订土地流转协议，整村流转农民土地，由龙头企业打捆整合，统一规划，统一组织实施循环农业技术使用、生产情况升级改良等工作，承担饲料种子、有机肥等全部物料投入，建立规模化、标准化的种植及养殖基地。

3. 注重发挥产业协会作用

进一步完善各类产业协会，发挥协会的组织协调、行业指导、技术服务作用。促进内部成员在生产中执行行业标准，进行规范化生产，全面提升产品品质；促进加工企业、专业合作组织和种植大户之间开展管理、技术、资金交流互助，寻求合理方式使行业协会、龙头企业、合作社、家庭农场、普通农户共同营销产品，实现互利双赢、共同发展。

4. 全面助力扶贫攻坚工作

依托吴忠园区的优势和功能，为贫困户提供技能培训和就业机会，增加贫困人口自身造血能力，改善贫困户的生活质量。通过定向扶持将吴忠园区打造成扶贫配套产业和促进就业的重要载体，强化其对于扶贫工作的支撑作用。

（九）深化样板示范效果，带动宁夏循环农业发展

将吴忠国家农业科技园区打造为宁夏循环农业发展的先行区，强化顶层设计，运用系统论和循环经济理论的方法，探索适用于宁夏地区的循环农业模式和政策管理机制。结合吴忠国家农业科技园区现有情况，有针对性地提出吴忠国家农业科技园区循环农业的发展和管理模式，为园区升级发展提供战略性指导。

经过几年的扎实工作，将吴忠园区开展循环农业工作的先进经验、有效做法、可行途径整理归档，进而为美丽宁夏建设提供科技样板，并在全区进行标准化推广，实行统一联动，统一部署，进而全面有效地优化自治区农业产业结构，为宁夏的农业经济发展和循环经济发展提供重要支撑。

五、保障措施

深入落实循环农业发展战略，充分认识发展循环农业的重要性，全面加速

配套基础设施建设，着力提升保障能力，加快推进管理部门职能转变，持续深化重点领域和关键环节改革，构建有利于循环农业发展壮大的成长体系和保障体系。

（一）加强组织领导，深化机制改革

尽快成立宁夏吴忠国家农业科技园区循环农业发展领导小组办公室，设置相应机构人员及工作章程。充分发挥领导小组的作用，加强组织领导，强化宏观引导，有效统筹各方资源和力量，出台相应扶持政策，推动改革措施落地，加强各项政策统筹协调，对园区内各区域进行统一管理，通过不断推进具体工作，优化和调整既定工作方式。持续开展循环农业发展状况评估和前瞻性课题研究，准确定位改革发展方向。建立政企对话咨询机制，在研究制定相关政策措施时积极听取企业意见。

吴忠园区各有关部门要进一步解放思想，创新思路，开展循环农业统计监测调查，深入研究循环农业发展相关工作，全面落实各项工作任务和责任，推动形成横向联动、合力支持的工作局面。

各相关单位要进一步提高对培育发展循环农业工作重要性的认识，加强组织领导，凝聚工作力量，营造政策环境，完善配套条件，推动本区域循环农业加快发展。

（二）加速配套设施建设，升级保障能力

继续深耕各类基础设施建设：继续加强吴忠园区各区域的基础设施升级，完善相应区域基础设施配套能力，合理规划、统筹兼顾推动区域内市政基础设施、研发基础设施、农业生产设施建设，将城市规划理念、空间美学与城市建设进行融合，提高配套设施承载能力、城市服务保障能力，打造宜居宜产的新城区。

加强社会生活、文化环境设施建设：循环农业发展依赖优质人才的引进和培养。切实增强优质人才的归属感，才能留住人才保障其发挥贡献。首先，全面落实户籍政策，给予落户购房奖励；其次，提升园区社会文化生活质量，建设优质生活配套设施等，满足相应的社会文化需求；再次，加强环境治理，保

障空气质量，进而为广大居民和优质人才提供良好的生活条件，打造属于吴忠园区的人文文化气息。

（三）提升园区管理能力，完善服务体系

加快园区管理体制机制改革，深入推进简政放权：加快园区管理职能转变，优化园区企业发展环境，进一步简化相关审批程序、规范审批行为、提高行政审批效率。

推动园区科技计划管理改革：建立和完善园区科技项目决策、执行、评价相对分开、互相监督的制度。深化相关科技经费管理改革，创新科技经费投入方式，系统监督科技经费使用。支持园区企业与高校和科研院所对接，深度参与创新过程，保障科技创新成果。

营造园区公平竞争市场环境：支持中小型循环农业企业发展，加大反垄断和反不正当竞争的执法力度，严肃查处各领域企业违法行为。建立健全工作机制，保障公平竞争审查制度有序实施，打破重点领域的地区封锁和行业垄断，加大对地方保护和行业垄断行为的查处力度。

（四）增强社会创新能力，优化产业创新体系

推动涉农领域大众创业万众创新在园区纵深发展：依托双创资源集聚的区域、科研院所和创新型企业等载体，打造和完善吴忠园区双创支撑平台体系，充分集聚双创资源，激发发展新动能。

同时，加快企业双创平台建设，推动双创活动与优势产业结合，发挥大企业人才、资源、技术、市场等优势，引领带动上下游产业创新发展。推动企业、科研机构、高校、创客等创新主体协同创新。持续强化“双创”宣传，营造良好的社会氛围。

推动园区公共创新体系建设：加强战略性、基础性和前瞻性的循环农业创新研究，全面推进园区重大科技项目和重大工程建设。构建企业主导、政产学研用相结合的产业技术创新联盟，支持建设关键技术研发平台，在重点产业领域采取新机制建立一批产业创新中心。围绕畜禽污染物处理、循环农业产业链建设等重点领域，建设和完善一批研发测试、检验检测、认证认可等公共服务

平台。落实和完善本课题研究成果，完善相关工作标准体系，支持关键领域新技术标准应用。

强化园区企业创新能力建设：发挥企业创新主体地位，建设和完善一批企业技术中心，推动有条件的企业创建自治区、国家企业技术中心。加大对科技型中小企业的创新支持力度，落实研发费用加计扣除等税收优惠政策，引导企业加大研发投入。

完善园区科技成果转移转化制度：落实科技成果转化有关改革措施，提高科研人员成果转化收益分享比例，加快建立科技成果转移转化绩效评价和年度报告制度。完善创新组织形式，建立研发、中试、转化、推广、应用等环节有效链接的“舟桥”机制，组织实施产学研用协同创新工程，促进科研单位与企业、市场等各方对接，提高创新成果就地转化水平。

（五）全面强化知识产权保护和应用

强化园区内知识产权保护：严格执行知识产权保护相关法律、法规、规章及相应地方性法规。落实有关商业秘密保护的法律规定，加大对侵犯知识产权犯罪行为的打击力度，开展保护知识产权专项行动，强化知识产权保护和监管。

促进园区知识产权创造运用：实施知识产权优势企业培育工程。每年选择企业，开展知识产权优势示范企业培育，打造一批创新能力强、知识产权竞争优势明显的地区级、国家级领军企业；支持企业争创全国版权示范园区（单位），申请地区级著名商标、国家级驰名商标保护。

（六）有效加大金融、财税支持力度

支持园区涉农企业多渠道融资：建立政府资金与银行信贷联动机制，采取贴息、担保等方式，引导和协调农业发展银行、农业银行、农村信用社等各类金融机构为园区建设项目提供贷款支持。支持园区与宁夏农业综合投资有限公司合作搭建融资平台，为园区产业发展提供融资担保。采取农户联保、互保、专业合作组织和龙头企业担保等多种方式，解决农户贷款担保难问题。充分发挥小额贷款担保公司作用，加快推出多元化农村金融产品，优先满足园区农户的贷款需求。做大担保平台，扩大农业产业发展基金规模。加大政策性金融支

农力度，深化完善农业政策性保险，逐步扩大政策性保险范围，鼓励行业协会和农民专业合作社开展合作互助保险，切实增强农业抵抗自然风险和市场风险的能力。

加强财政政策支持：贯彻落实自治区的各项优惠政策，积极争取国家专项资金。加强各级财政资金对循环农业发展的支持。

落实税费政策支持：指导园区涉农企业用好、用足国家各项税收优惠政策，进一步减轻企业运行压力，激发企业发展活力。

（七）重视人才培养和引进

健全完善园区人才管培机制：依托大学和优秀的社会培训资源，加大培养力度，完善从研发、转化、生产到管理的人才培养体系，优化涉农企业发展的人才支撑结构，完善人才流动机制、人才评价体系和人才激励机制，加强产业人才需求预测，建立各类人才信息库和信息发布平台。

培养园区专业技术人才和技能人才：以工程研究中心、工程实验室、企业技术中心等自主创新平台为载体，以重大项目建设为依托，加快培养高层次专业人才。

培养园区企业家和高级经营管理人才：以提升涉农企业发展理念和发展战略为重点，培育一批具有综合能力的优秀企业家。以提高现代经营管理水平和企业竞争力为核心，培养一批懂科技、懂金融、懂经营的企业经营管理人才。

引进高端人才：加大国内外专家、高端专业技术人才引进力度，围绕科技创新、产业创新和管理创新，加快引进高精尖人才和实用型人才。

（八）加强宣传引导，吸引各方积极参与

将循环农业发展作为实现农业现代化的重大举措。利用调研督导、第三方评估、大数据分析等手段，继续对园区的建设和运营进行跟踪评估和督促检查，不断梳理，总结经验，从而推广园区模式，充分利用广播、电视、互联网、手机客户端等宣传媒介，大力宣传园区建设典型。另外，通过宣传，吸引更多农户、农村合作社、加工企业、销售公司、社会资本、金融机构等多方关注并积极参与。

附件　重点技术推荐目录

拟采用以下几种核心技术有效处理吴忠国家农业科技园区内各类废弃物，解决园区在废弃物处理上存在的问题，逐步建立循环农业发展模式。

一、工艺路线

吴忠国家农业科技园区的牛场粪污资源化高值利用工艺路线见图 1。

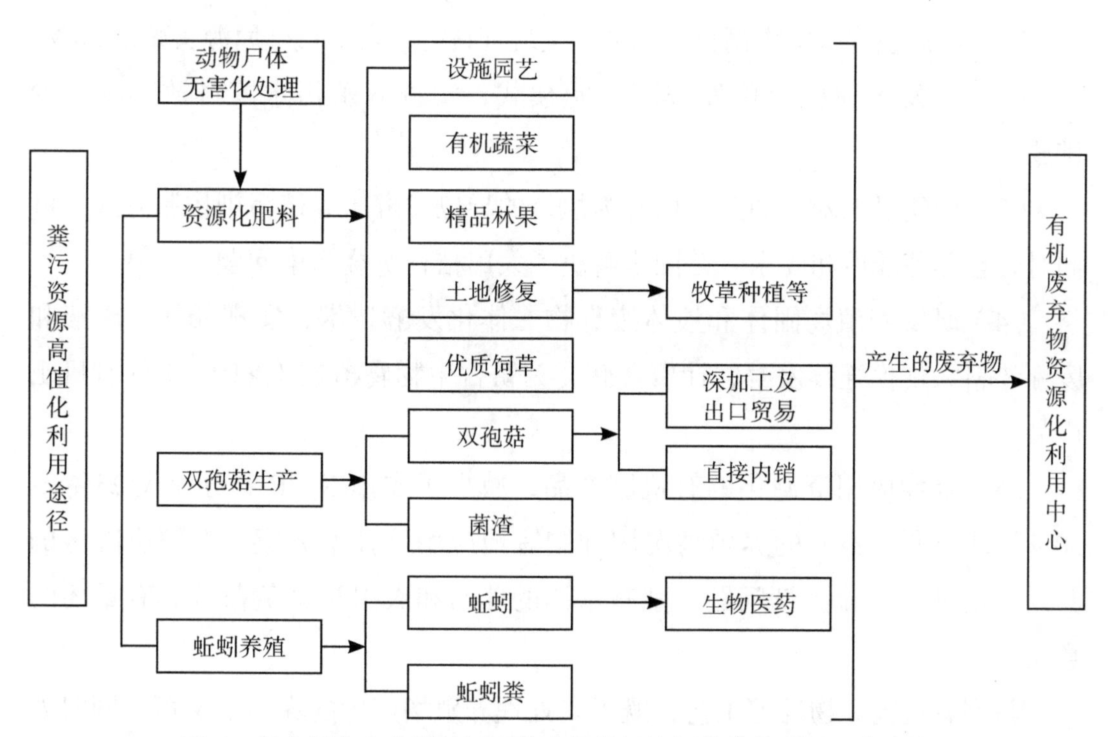

图 1　吴忠国家农业科技园区的牛场粪污资源化高值利用工艺路线

二、主要建设内容

（一）牛场粪污异位发酵前处理、收集转运及资源化利用

吴忠国家农业科技园区畜禽粪污资源化利用区域化循环体系是一个有机整体，资源化利用模式及工艺选型采用中国农业科学院基于微生物发酵的养殖废弃物资源全循环利用技术。

1. 基于微生物发酵的养殖废弃物资源全循环利用技术

基于微生物发酵的养殖废弃物资源全循环利用技术是中国农业科学院在国家水专项相关课题的支持下，针对畜禽养殖污染问题，形成的以微生物技术为核心的发酵床生态养殖、饲料微生物添加和废弃物高值资源化利用等技术。通过多种技术的“串联应用”示范，建立了园区畜禽养殖污染控制与资源循环利用系统技术方案。成效如下。

（1）添加独特微生物饲料添加剂，实现饲料抗生素、重金属源头减量 50%。

（2）开发大通栏原位发酵床养殖模式，实现养殖污水零排放，废气少排放。

（3）构建以玉米、油菜等秸秆为填料的异位发酵床养殖污染控制方式，可同时处理养殖粪便和废水，并同步解决了大田秸秆焚烧污染问题。

（4）研发养殖场固体和液体废弃物一体化发酵技术，实现粪便、废液和废弃垫料大规模连续发酵，让资源转化为富含生物腐植酸（>10%）的有机肥产品。

（5）延伸应用资源化的有机肥产品，减少了农田 N、P 养分流失 25% ~ 30%。针对园区不同的养殖情况因地制宜地应用该技术方案，对解决园区的养殖、秸秆和径流污染问题、削减水体的养殖和农田污染负荷等具有重要的意义。

新型有机废弃物发酵工艺，既可以处理养殖场产生的粪污，又可以同时处理秸秆、锯末和米糠等有机废弃物，减少了有机废弃物对环境造成的污染，又实现了养殖场粪污的变废为宝。工艺流程见图 2。

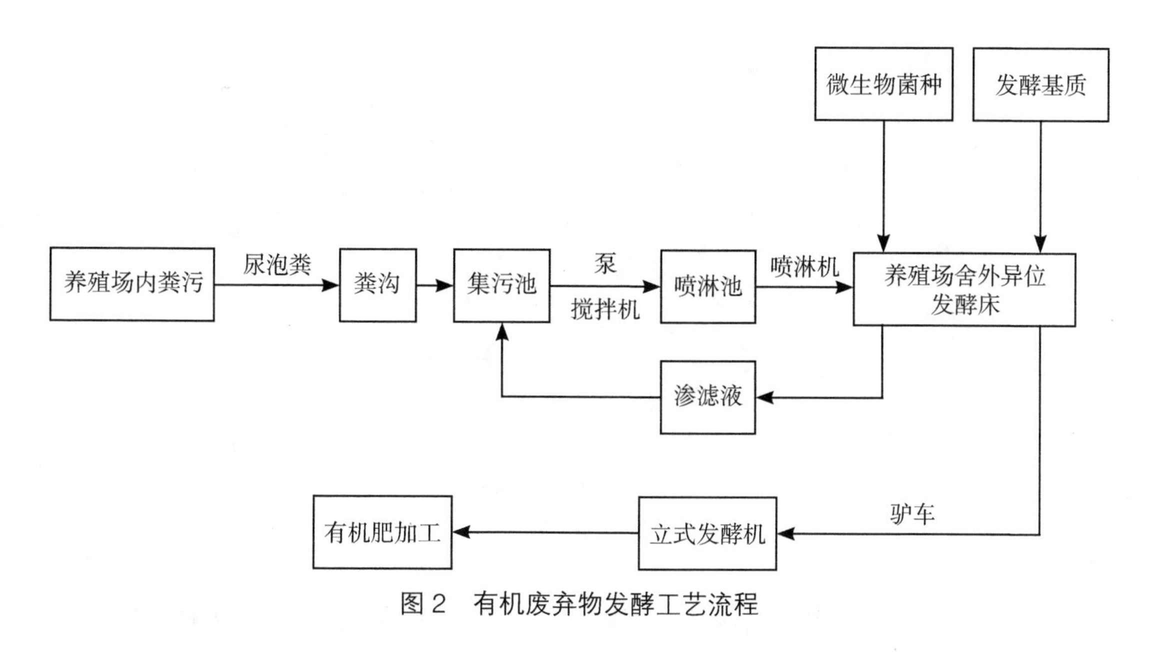

图 2　有机废弃物发酵工艺流程

新型有机废弃物发酵工艺与传统堆肥发酵工艺相比，最大的优势在于采用二次发酵工艺。一次发酵在异位发酵床中进行，在高湿度的条件下进行发酵，可以处理养殖场每天产生的粪便和污水；二次发酵在自主研发的立式发酵机中进行，将在异位发酵床中充分吸收粪污并进行一次发酵后的基质，用铲车通过上料机构运输至立式发酵机内进行二次发酵。经过二次发酵后可以进一步腐熟一次发酵未完全降解的有机物，提高成品有机肥中氨基酸的含量，发酵过程中产生的热量可以蒸发发酵基质内含有的水分，使成品有机肥的水分含量进一步下降。

2. 异位发酵床技术的核心设备及工艺

异位发酵床在进行发酵过程中，最主要的设备是翻堆机和喷淋机。翻堆机定期对发酵床内的发酵基质进行抛翻，保证发酵基质内部的正常通风、供养，翻堆还可以蒸发一部分水分，并散发一部分热量，保证发酵床内部不至于温度过高。喷淋机每天向发酵床内喷淋粪污，保证微生物发酵所需要的氮源，并为微生物活动提供水分。

（1）行走式翻堆机（图 3）：一机多用，可以多个发酵槽共用一台翻堆机，随时扩大生产规模；升降式翻堆设计，翻堆深度可调，最大翻堆深度可达到 1.5 m；叶片倾斜式布置，可以减少主轴上叶片的数量，同时获得更好的搅拌效果。

图 3　行走式翻堆机

（2）行走式喷淋机（图 4）：行走式喷淋机架设于喷淋池及发酵槽顶部的轨道上，配有行走电机、立式搅拌机、无堵塞液下泵。通过搅拌机将污水搅拌后再由泵将粪污输送至主管道，然后由主管道分流至各分管道，每个分管道上设置阀门，可实现多个发酵槽的同时喷淋，也可以单个喷淋。

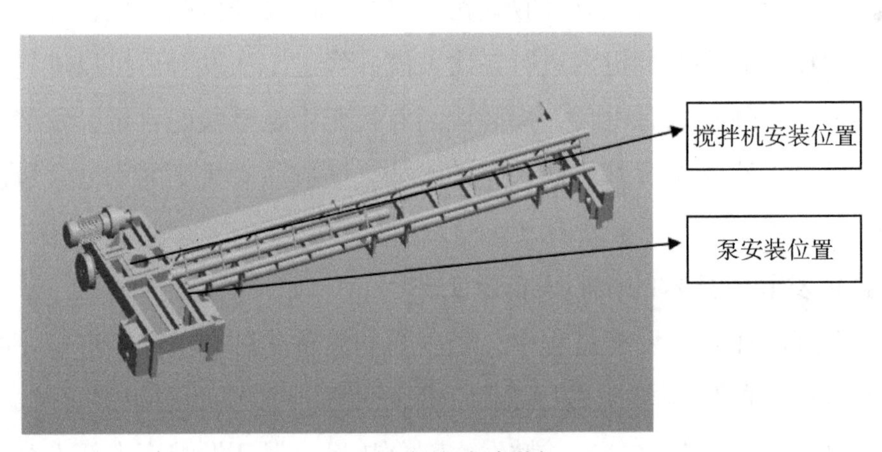

图 4　行走式喷淋机

二次发酵过程中，最主要的设备是立式发酵机（图 5）。通过异位发酵床在翻堆机作用下连续发酵 60 ～ 70 d，发酵基质（每立方米发酵基质每天喷淋的粪污不超过 20 kg）中的含水量最终可以下降到 45% ～ 55% 的适合发酵最佳含水量，筒体内部又具有保温功能，使筒体内物料一直处于适合发酵的温度状态，经过一次发酵后的物料进入发酵筒体，微生物在适宜的环境条件下迅速发挥作用，可以使立式发酵机内的物料快速进入发酵过程，缩短发酵周期，大大减少热空气通入量，节约了发酵过程中的成本消耗。

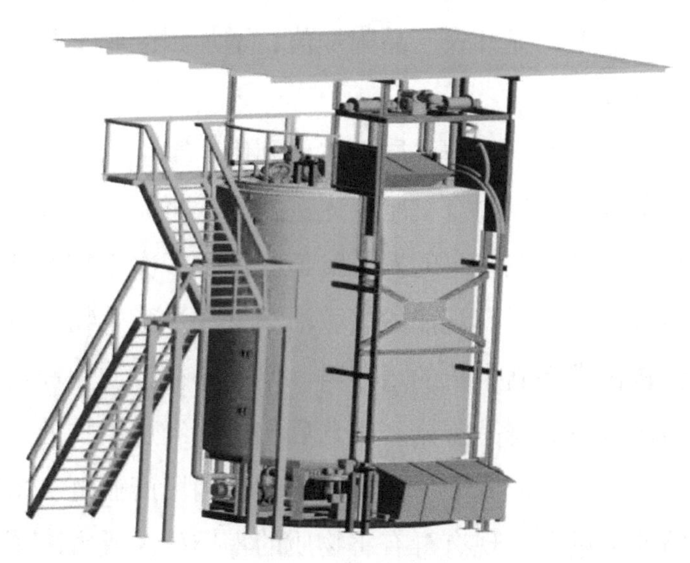

图5　立式发酵机

立式发酵系统主要由主发酵筒体、传动系统、上料系统、卸料系统、通风系统等几大部分组成。具有以下特点：效率高，可5～7 d快速完成发酵；适用范围广，可用于畜禽粪便、城市生活有机垃圾、餐厅厨余有机质等；设备占地面积小（100 m^2），安装于室外，不用单独设置厂房，节省土地资源；智能化，全程自动化控制，单人即可完成全部操作；采用纯机械式的驱动方式，可靠性高。立式发酵机外形尺寸：ϕ4.2 m×6.5 m；驱动主电动机功率：4 kW；主轴转速：6 r/h（频率为50 Hz）。

3. 异位发酵床加立式发酵机处理模式养殖场粪污模式

异位发酵床加立式发酵机处理模式养殖场粪污模式，可以根据养殖场规模来设计异位发酵床的槽数与长度，在保证生产连续性的前提下，可以配合多台立式发酵机进行连续生产。

（二）牛场粪污进行双孢菇生产及加工

兴建日均产 8 t 双孢菇的工厂化生产项目和果蔬冻干深加工项目。该项目采取工厂化循环生产技术，利用吴忠地区原本是废弃污染物的小麦秸秆和畜禽粪，生产出口用双孢菇，深加工制品和生物有机肥，有机肥还田实现农业、畜牧业资源的循环利用。同时，速冻、冻干等深加工项目对吴忠农业园区各种农牧业产品进行精深加工，提升农产品附加值，增加园区职工收入，通过出口创汇增加政府税收收入。

双孢菇工厂化生产项目在技术层面主要利用了微生物可控性发酵、自动化环境控制育菇和定向选育生物有机肥等先进技术，将原本是农牧业废弃污染物的小麦秸秆、鸡粪、牛粪在特定的发酵隧道内进行多次生物发酵，在预先设定的温度曲线内使微生物进行有规律的演替活动，经过微生物的分解消化后上述农牧业废弃物将转化成蘑菇生长的培养料。培养料在自动化环境控制的出菇车间转化成富含菌体蛋白的鲜品蘑菇。出菇后的菌料经过生物处理后制作生物有机肥再施回土壤。该项目形成了一条封闭的循环利用产业链。畜牧养殖、蘑菇栽培和农业种植的全过程实现有毒有害物质的零排放。既解决了项目周边地区秸秆及畜禽粪污的污染问题，又提供了蘑菇和有机肥 2 种高附加值的产品，并且改良和增肥了耕地土壤，是一项实现资源循环利用与可持续发展的项目。

项目开发的即食冻干珍菌汤产品是在高压真空条件下，利用升华原理，使预先冻结物料中的水分不经过冰的融化，直接以冰态升华为水蒸气状态在真空水平升华脱走，使物料干燥。真空冷冻干燥产品可确保食品中蛋白质、维生素等各种营养成分，特别是那些易挥发热敏性成分不流失。因而能最大限度地保持原有的营养成分，而且能抑制菌和酶的有害作用，有效地防止干燥过程中的氧化、营养成分的转化和状态变化，冻干制品呈海绵状、无干缩、复水性极好、食用方便、含水分极少，冻干食品在生产过程中不需要任何添加剂，因而是真正的绿色食品，包装后可在常温下长时间保存和运输。

目前，在技术层面已经创新出了适合高寒地区的培养料自控发酵系统，培养料自动布料生产线和不受自然气候影响的周年出菇系统等多项技术。开创出真空冻干技术，能够保持物质原有的活性成分及营养成分不变，物品干燥后不仅色香味形不变，复水能保持原有风味及活性成分。公司工厂化双孢菇项目和果蔬冻干深加工项目成功实施后，将产生极大的经济效益和社会效益。

（三）牛场粪污进行蚯蚓养殖及深加工

首先，对养殖粪污进行高效处理，除掉粪污中抗生素和重金属。然后，开展工厂化蚯蚓养殖，年设计蚯蚓养殖产量为 1 000 t，可消纳 3.5 万 t 粪便，蚯蚓通过提取蚓激酶、制成生物医药等，可以大幅度地提升农产品的附加值，增加园区职工的收入，通过出口创汇增加政府税收收入。

（四）盐碱地土地复垦及牧草种植示范

吴忠国家农业科技园区土地复垦项目考虑到地域、气候等差异，以及吴忠国家农业科技园区特殊的盐碱土壤条件与生态健康状况的特殊性等，开展现场调查、实验室分析与研究、数据分析与研究、相关历史资料的收集与研究及专家咨询等一系列调研工作，利用中国农业科学院农业环境与可持续发展研究所的生物腐植酸快速修复技术，制定本试验方案。即在现有技术基础上开展异地验证试验，以达到为吴忠国家农业科技园区“量身定制”技术方案的效果。

第八章 循环农业可持续发展的保障政策机制及建议

一、保障政策机制

（一）政府政策保障

1. 强化循环农业实施的法律地位和顶层设计

《中华人民共和国循环经济促进法》规定，在生产、流通和消费等过程中废弃物按照减量化、再利用和资源化的原则在全国建立循环经济规划制度，县级以上人民政府及其农业等主管部门应当推进土地集约利用，鼓励和支持农业生产者采用节水、节肥、节药的先进种植、养殖和灌溉技术，推动农业机械节能，优先发展生态循环农业。因此，我们要将法定内容融入推动循环农业行动的顶层设计中，落实于具体的规划和行动方案与实施计划中，才能确保我们的循环农业在依法、依规、依计划中全面、系统、逐步地推进。目前，我国已经出台了《中华人民共和国清洁生产促进法》和《中华人民共和国循环经济促进法》。这是推动农业绿色发展宏观层面的指导性法律，希望出台地方乃至国家层面的《循环农业发展条例》，细化并明确各参与主体在循环农业发展中的权利和义务，全面规范、指导、引领我国的循环农业建设，形成强制的行为约束，为循环农业发展提供法制保障。

2. 强化以绿色生态为导向的绿色循环农业补贴、奖励政策

统筹考虑区域资源与环境承载力的匹配、区域农牧结合、区域种养平衡、区域种植结构调整与种植制度优化等方面，给予绿色循环农业发展各环节技术

采纳推广的补偿/补贴支持、相关循环农业设施购置配套的价格优惠和税收减免优惠等，以及循环农业设施效果等的奖励支持。例如，以黄河出口和不同断面的动态监测为依据，给予不同流域和不同行政区域等差别化生态补偿政策；针对乡村农田高效节水节肥节药、养殖粪污处理、秸秆地膜利用、生活垃圾与污水处理、土地污染整治等给予生态补偿或补贴政策；给予环保社会化第三方服务支持政策；给予循环农业相关设施购置补贴与减税或税款返回等优惠政策。

3. 强化循环农业的财政倾斜投入政策

要围绕宁夏区域绿色生态发展目标，强化财政资金整合倾斜政策。改革普惠性、常规化的扶持政策，向扶优、扶大、扶强的财政支持政策转变，增加对循环农业经营主体龙头企业的财政投入支持，解决企业发展过程中存在的土地、流动资金、设备等硬件问题和产业融合、人才培养、农产品品牌培育与市场开拓等问题，鼓励龙头企业大力发展连锁经营、电子商务等，促进传统流通主体与现代流通主体的有机结合，打造全产业链经营体系，加快打造一批市场竞争优势明显的龙头企业。

4. 强化循环农业的科技创新投入政策

鼓励和支持开展循环经济科学技术的研究、开发和推广，鼓励开展循环经济宣传、教育、科学知识普及和国际合作。循环农业产业发展的核心是实现农业废弃物的无害化、资源化和多级利用与清洁生产，其循环利用程度或水平严格依赖于科技进步与技术创新。因此，需要政府顺应市场需求，加强对循环农业新产品、新技术、新模式的研发力度和专门人才培养的专项财政投入支持。特别是依托循环农业产业发展创新联盟，强化循环农业科学研究领域的协同创新；围绕能源替代、农膜回收、秸秆回收利用、粪污资源化利用、生活污水处理、固体垃圾处理等方面，开展关键技术、装备和集成模式的研发与示范；加强农业绿色科技创新成果评价和转化机制科学研究，加强以农业资源环境生态为核心的“天空地”循环农业监测管理预警研究。

5. 强化循环农业的绿色金融投资服务支持政策

为发展地方循环经济、助力区域传统农业向绿色循环农业转型的相关绿色项目、绿色工程、绿色经营主体（企业、合作社、家庭农场等）提供绿色金融服务支持政策，以期为宁夏循环农业园区、示范样板和全域发展起到积极的推动作用，为区域循环农业可持续发展提供相应的长期资金。如发行绿色政府债券（含资产证券化）、绿色信贷、绿色信托、保险、绿色租赁、绿色基金等，广泛吸引社会基金支持绿色产业的发展，特别是引导社会资本投向农业资源节约、废弃物资源化利用、动物疫病净化和生态保护修复等领域。

6. 强化循环农业的环境基准、标准、品牌等管理制度体系创建

遵循符合绿色发展要求的国家标准和行业标准，依据宁夏资源禀赋和环境条件，明确资源承载力与环境容量，建立以乡村或区域农业环境基准、标准规范为核心的农业绿色投入品管控、农业废弃物处理利用及过程环境管控的地方性量化基准、标准、评价与准入制度。定制适合农业经营主体认知和能直接应用的清晰的分区分类量化技术指标，建立统一的绿色农产品市场准入标准，地方标准与国家标准形成层次化衔接。如制定农业用水量、化肥与农药使用量和畜禽养殖量的准入标准，构建绿色种植与养殖生产的操作标准与规程体系，科学布局种养一体化循环发展方式；制定农田土壤质量红线，为各地耕地质量保护与建设提供支撑。同时，制定 / 修订农兽药残留、畜禽屠宰、饲料卫生安全、冷链物流、畜禽粪污资源化利用等地方标准和行业标准。依托现有资源建立优势特色农产品质量安全追溯管理平台，加快农产品质量安全追溯体系建设。实施农业绿色品牌战略，建立健全绿色品牌管理制度。以标准、规范或指标、品牌等指导、引导和带动农业经营主体切实高效地开展循环农业建设。

7. 强化循环农业的监督管理、绩效考核和责任追究政策

建立生态服务供给和生态环保效果评价制度、各级党政负责人与绿色生产新型经营主体的环保绩效考核制度、生态环境损害责任终身追究制度。以生态产品和生态服务供给与生态环保效果的评价为基础，以耕地保护、农业污染防治、农业生态保护、农业投入品管理等为重点，依法打击破坏农业资源环境的违法行为，健全重大环境事件和污染事故的责任追究制度及损害赔偿制度。

（二）地方政府机制保障

1. 组织保障机制

按照《中华人民共和国循环经济促进法》，县级以上地方人民政府循环经济发展综合管理部门负责组织协调、监督管理本行政区域的循环经济发展工作；县级以上地方人民政府生态环境等有关主管部门按照各自的职责负责有关循环经济的监督管理工作。县级以上人民政府应当建立发展循环经济的目标责任制，采取规划、财政、投资、政府采购等措施，促进循环经济发展。

2. 示范引领机制

一是建设循环农业与绿色发展园区。以宁夏引黄灌区的孙家滩奶牛园区、贺兰山东麓酿酒葡萄园区和青铜峡现代农业为典型，推广种养加一体化、废弃物资源化、化肥农药减量化、农田清洁化的循环农业技术，建立循环农业和绿色发展示范区，成为黄河中上游生态保护与农业高质量发展先行区的重要组成部分。二是建设循环农业与绿色发展标准化工程。以奶牛、酿酒葡萄、枸杞和设施蔬菜为试点，建立全产业链的循环农业标准、质量规范和负面清单等管理体系，制定废水利用的肥水阈值和回灌标准，推行农产品品牌化和优质优价，鼓励企业通过合同式带动农户发展循环农业，合作建设一批高水平的循环农业与绿色发展示范样板。

3. 利益共享驱动机制

利益驱动是发展的内生动力。要着力构建合理的利益驱动机制。支持循环型农业主体（包括龙头企业、合作社、家庭农场和农户以及多元的投资主体）追求自身利益最大化而参与循环农业建设；依托国务院循环经济发展综合管理部门和国务院生态环境等有关主管部门对循环经济发展的监管，建立政府引导、市场化运作的多元化投融资机制，发挥财政资金对社会投资的引导作用，鼓励工商资本、外资、民间资金等参与生态循环农业项目的共同建设。坚持公平、平等、互利的原则，建立合理的、科学的主体利益分配制度，在循环农业建设中实现共赢多赢局面。

4. 褒奖激励机制

针对所有参与循环农业建设的主体，及时给予其实现目标后的物质奖励和精神激励，同时这也可起到鼓励和支持中介机构、学会和其他社会组织开展循环农业宣传、技术推广和咨询服务，以及引导和引领大众环保行为的作用。在对其创造的经济、环保和社会三个效益评估达标后，应给予实现规模效益的奖励，这也是国际上通行或普遍的激励做法。同时，可以将政府的示范项目纳入这样的规模经营主体开展，通过项目形式给予它们可持续发展的再支持。

5. 惩戒监管机制

《中华人民共和国循环经济促进法》阐明，公民有权举报浪费资源、破坏环境的行为，有权了解政府发展循环经济的信息并提出意见和建议。因此，推动循环型农业发展，需要有一整套行之有效的监管机制为循环农业建设“保驾护航”。要将循环农业发展评价指标作为重要监管指标，科学核算循环农业的发展水平和循环农业的目标实现程度。一方面，可监督考察循环农业主体的建设行为是否合规达标，作为政府是否继续支持或惩戒的依据，若发生农业资源重大损害，需要进行损害赔偿；另一方面，也可将考核结果纳入领导干部的政绩考核体系，作为晋升或降职及追究责任的依据，若发生重大环境事件和污染事故，实行责任终身追究。且监管监测工作要常规化、规范化和制度化，并实行多渠道信息及时发布制度。

（三）科研院所技术保障

1. 加快专业人才培养

科技是第一生产力，而科技的载体是人才。农户普遍存在文化素质水平不高、科技水平较低、专业技术人才缺乏的问题。想要发展循环农业，就必须把宣传教育放在显著位置，把培养人才和引进人才作为第一要务来抓。通过技术引进和技术创新，增加产品的技术含量，提高市场竞争力，使农业发展具有持久的动力。在培训相关从业人员包括推广人员和成果应用时，可以借鉴国内外先进经验，通过兼具针对性与系统性的训练为不同群体的学员提供不同类别的系统性知识。就学位培训而言，鼓励科研院所的专家在推广部门兼职教师和导师，加速理论与生产实际的结合，不仅可以加速农业技术人才的培养，还可以促进科研成果转化为生产效益。就非学位培训而言，可以通过举办各种短期培训班提高技术人员和推广人员的知识和技能。

2. 加快循环农业技术创新

循环农业具有创新性。与传统农业相比，循环农业需要以先进技术作为发展的动力，具有一定的创新型。无论是清洁生产、循环产业链的建设，还是产业链的延伸，无不需要新技术、新设备的研发与应用。循环农业的发展需要结合信息技术、生物技术以及现代工程技术等高新技术，具体包括：立体养殖、种植技术，综合防治病虫害技术，废弃物再利用技术，综合开发农村能源技术，土壤沙漠化防控技术，治理水土流失技术，生物种群的重组、调整与引进技术，改良土壤技术和涝渍防控技术等。在循环农业的生产过程中充分发挥技术创新能力，对提高土壤、水资源、有机肥等要素的效能有不可忽视的作用，为了实现循环农业兼顾经济、生态、社会的综合目标，必须以低投入、低消耗、高效益作为标准，坚持以科技作为指导，通过提高科技创新水平，为循环农业的发展保驾护航。

3. 产学研联合攻关协同推进机制

推动循环农业发展过程中的技术创新和对其实施主体进行技能培训，需要建立和完善地方政府的农业技术政策引导机制。通过机制引导和鼓励，各级地方政府和农业经济管理部门才能把农业技术创新和技能培训作为发展循环农业、实现现代农业高效、绿色和可持续发展的工作重心。因此，可依托循环农业产业发展创新联盟，强化国家、地方科技研究机构对循环农业科学研究领域的协同创新。同时，地方政府应以农产品产业价值链为主线，围绕农业循环经济技术开发难题，整合各地区农业科研院所等科技研究推广资源，构建政府积极引导、农科教相结合、产学研协作的围绕农业循环经济产业价值链上下游实现无缝对接的农业技术创新链条与平台。

（四）社会化服务体系

发展循环农业除了要延长和完善循环产业链，还要通过健全的配套服务助力循环农业的发展。循环农业对生态和社会的促进作用是循环农业发展的内在要求，循环农业的发展需要提高农产品的附加价值，整合社会资源，将农业发展带向集约化的发展模式。在集约化的生产模式下，公共服务能够创造更大的价值。因此，健全相关配套服务，有助于助力循环农业的现代化发展，最终实现产业对社会的回馈，改善居民生活环境。就循环农业发展的总体而言，相关配套服务的建设是产业一体化、集约化的基础与依托，能够通过配套服务的假设带动人力、技术和资金的集聚，为循环农业的发展提供良好的基础；对于以农户为单位的小微循环农业模式，相关配套服务建设有助于横向扩展产业链，能够为农户提供更多的选择机会；就以园区为单位的中型循环农业发展模式而言，相关配套服务建设能够加大市场活力、提高园区的现代化服务水平、提高企业招商引资的能力、增加循环农业的影响、促进产业集群的实现。健全相关配套服务体系具体表现在4个维度，分别是制度、资金、科技和人力。首先，发展循环农业要求建立相应的制度服务体系以保障社会公平、避免市场失灵；其次，要为循环农业的投资者创造良好的投资、融资环境，可以通过政府和专业机构担保转嫁风险，并建立相应的监查机构，保证循环农业发展的专项资金专款专用，投资可追踪、有保障；再次，提供相应的科技服务支持，通过引进部分科研实验基地，倡导将科技与生产相结合，积极推广现代化的农业机械设备和新品种农作物的试用，积极推广“互联网+”模式，让循环农业产业链上的各级主体能够利用先进的科学技术提高产品和服务的价值，促进农户增产、增收；最后，需要加强对农户的培训和教育，全面提升农户的基础教育水平和基础素质，培养一批自主的循环农业技术型人才，激发循环农业发展的活力，使循环农业达到可持续的要求。

二、建　议

黄河流经宁夏形成了被誉为“塞上江南”的引黄灌区。该地区是我国重要的粮食和特色农产品生产区，也是宁夏农业农村的精华地区。多年来，宁夏围绕“1+4”优势特色产业，坚持“一特三高”的发展方向，种植业生产水平不断提高，粮食单产、总产连创历史新高。养殖业特色鲜明，奶牛单产居国内前列，肉牛舍饲健康养殖水平高，牛羊肉品质上乘。中宁枸杞、贺兰山东麓葡萄酒、香山硒砂瓜、盐池滩羊等入选国家地理标志保护，深受消费者青睐。但也存在农业绿色发展标准缺失、关键技术薄弱、农业农村污染排放、农业产业融合不够等问题。

2019年9月，习近平总书记在郑州视察提出“黄河流域生态保护和高质量发展”的国家战略，2020年6月在宁夏视察时又做出“明确黄河保护红线底线，要守好改善生态环境生命线”和“宁夏要努力建设黄河流域生态保护和高质量发展先行区”的重要指示，自治区党委、政府也确定了农业“五优四调四化”的发展方向。根据自治区农业发展的定位和高质量要求，宁夏农业该怎么走？调研认为，立足引黄灌区农业特点，建设循环农业与绿色发展示范区，加快结构调整和种养一体化，通过产业链延伸实现资源循环利用、减少污染负荷排放，推进标准化和优质化实现农业产业提质增效，对于示范引领自治区农业转型升级和落实“黄河生态保护和高质量发展先行区”建设具有重要的现实意义。

（一）建立一套完善的循环农业发展政策体系

一要制定循环农业发展支持政策。制定循环农业发展的激励政策和绿色发展经营差异化的补贴政策，出台入黄河流域生态补偿制度和污染型产业退出机制，对节水型废弃物资源化利用和废水再生利用进行直补，对循环农业经营企业给予税收优惠等，构建多方参与的生态价值实现机制和生态产品应用市场体系。二要加大财政支持。设立专项资金，对循环农业绿色发展和废弃物资源化利用过程中的设备不足和生态产品生产等给予补贴，通过信贷担保和 PPP 支持企业建立农业废弃物收储运的社会化服务体系，鼓励企业之间合同化应用生态产品。三要做好发展规划。根据黄河流域生态保护和高质量的需求，立足自治区“1+4”特色产业和 3 700 亿元农业振兴计划，结合自治区水资源调配和区域粮食供给平衡，产业部门要建立农业结构适水布局与种养红绿灯制度，制定种养加一体化和循环农业发展规划，明确资源循环利用及产业链延伸增值目标，形成引黄灌区一、二、三产业深度融合发展的格局。四要严格环境督查。在环保责任清单中增加资源利用率和废弃物资源化利用指标，旧的养殖区严格执行粪污无害化处理和资源化利用，新建养殖区严格制定种养一体化规划，酿酒葡萄和枸杞产业区严格落实枝条资源化利用，推进循环农业与生态保护协同发展。

（二）攻克一批循环农业与绿色发展的关键技术

一要建立循环农业与绿色发展的技术指标与评价体系。建设循环农业长期性定位基准站，开展循环农业全生命期增效演进动态化评估，根据区域主导产业和资源环境要求，建立宁夏引黄灌区循环农业与绿色发展的技术标准与评价体系。二要突破引黄灌区农业绿色生产与黄河流域清洁化关键技术。研究水资源平衡调优的农业结构布局、三控两减绿色生产技术、农田产地环境健康保育、沿黄退水污染迁移与消减等关键性技术，建立可规模化推广的黄河流域生态保护与农业高效清洁生产整体推进技术体系，实现水地资源与农业生产优化配置、农业全程健康生产、农产品质量安全的目标。三要推动种养加一体化和废弃物资源化利用。通过工程院平台和东西部合作，引进资源循环利用技术、多功能抗逆菌剂、生物降解增效剂等关键技术和产品工艺包并进行本地化创新，解决养殖业水污源头分离与利用、秸秆枝条中木质素降解、养殖粪污堆腐除臭一体化、有机肥盐分及抗生素消减等技术难题，建立起循环农业技术包。四要建立农村绿色宜居发展样板。研究农村厕所固液快速分离与净化、生活废水无害化处理和再生利用、垃圾污染阻隔封闭等技术与设备，探索农业生产与农村生态环境耦合配置等模式，建立起农村环境源头控制治理、风险管控、生产生态观光协同增效的整村推进技术体系及乡村绿色宜居示范样板。五要设黄河流域生态保护与高质量发展科技先行区的创新项目和平台。研究制定先行区建设科技支撑方案，依托中国工程院院士专家资源和宁夏农林科学院建设“黄河（宁夏）生态保护和农业高质量发展”创新团队，尽快启动实施“引黄灌区循环农业和绿色发展关键技术研究与示范”和“引黄灌区乡村绿色宜居关键技术研究与示范”等项目，推进“黄河流域生态保护与高质量发展”先行区科技项目实施。

（三）实施资源循环利用和农业高质量发展示范工程

一要建设循环农业与绿色发展园区。以宁夏引黄灌区的孙家滩奶牛园区、贺兰山东麓酿酒葡萄园区和青铜峡现代农业为典型，推广种养加一体化、废弃物资源化、化肥农药减量化、农田清洁化的循环农业技术，建立循环农业和绿色发展示范区，使之成为黄河中上游生态保护与农业高质量发展先行区的重要组成部分。二要建设循环农业与绿色发展标准化工程。以奶牛、酿酒葡萄、枸杞和设施蔬菜为试点，建立全产业链的循环农业标准、质量规范和负面清单等管理体系，制定废水利用的肥水阈值和回灌标准，推行农产品品牌化和优质优价，鼓励企业通过合同式带动农户发展循环农业，合作建设一批高水平循环农业与绿色发展示范样板。三要建设废弃物收储运的社会化服务示范工程。鼓励有实力的企业参与种植业、养殖业废弃物收储运等社会化服务体系建设，支持废弃物多元化循环利用及就地消纳，扶持奶牛养殖区企业推广废水源头分离和管网就地回灌，推进企业间合同定购，改变优质有机肥等生态产品长期依赖区外供应的局面。四要建设循环农业生态产品的市场品牌工程。推进统一的循环农业生产规范监管、生态产品认证登记和质量安全追溯等工作，建立废弃物基质化产品、饲料化和肥料化等认证过程管控和结果互认的合格证制度，提高循环农业各类资源化产品的市场化水平，实现优质优价。五是建设循环农业与绿色发展管理监测智能化工程。统一标准方法，建设种养加循环利用全程智能实时采集感知、废弃物和污染物迁移与风险控制、废弃物清单式追溯监管体系，实现生态产品与农产品质量的在线评估，建立企业星级评定办法，结果与企业征信挂钩。

（四）探索建立符合区情的循环农业发展激励机制

一要完善成果应用评价机制。将循环农业应用、资源利用率、产品研发与企业增效列入评价体系，鼓励科研院校自筹项目和资金开展循环农业技术推广，支持科研院校以专利和服务参与企业分红，引导企业开展“订单”式科技研发。二要建设研发推广队伍。建立首席专家负责和行业专家协同的团队，鼓励科研院校根据实际需要自主聘用科辅人员，对农技人员、新型职业农民等开展培训，根据成效兑现相关政策。三要加强政科教用联动。探索政府、科研院校和经营主体联合建立循环农业“科技小院”与示范基地的运行机制，研发试验用地不受当地建设指标限制。四要推动企业协同创新。支持企业、家庭农场和合作社发展规模化循环农业经营及废弃物资源化产品生产，鼓励企业间建立成本分担和利益共享的共同体，促进产业链良性互动和共赢。